Helmut Katz

Technologische Grundprozesse der Vakuumelektronik

Springer-Verlag Berlin · Heidelberg New York 1974

Dr. phil. nat. Helmut Katz
Technische Leitung des Werkes für Röhren
der Siemens AG, München

Mit 82 Abbildungen

ISBN-13:978-3-642-93029-4   e-ISBN-13:978-3-642-93028-7
DOI: 10.1007/978-3-642-93028-7

Vorwort

Man versteht unter Technologie u. a. die Verarbeitung von Werkstoffen zu betriebssicheren Produkten. Ein Maß für Betriebssicherheit ist z. B. die Lebensdauer, die ein Erzeugnis, das keiner Reparatur zugänglich ist, erreichen muß. Extreme Forderungen sind dabei um so schwerer zu erfüllen, je vielgestaltiger das Produkt ist.

Ein besonders komplexes Gebilde, an das höchste Ansprüche bezüglich Lebensdauer gestellt werden, ist die Elektronenröhre. Sie ist für die Vakuumelektronik seit vielen Jahren von besonderer Bedeutung, und manche Pionierarbeit auf dem Weg zur modernen Technologie war an ihr zu leisten. Wenn sie oft nur noch als Überbleibsel aus alten Zeiten angesehen wird, mag dies bezüglich der im täglichen Leben offen zutageliegenden Anwendung von Elektronik zutreffen. Doch dort, wo sie ihre Dienste mehr ,,im Verborgenen'' zu verrichten hat, ist sie auch heute noch von ,,kräftigem Leben'' erfüllt. Wenn wir z. B. mit Übersee telefonieren oder Fernsehbilder austauschen, geht dies weder bei den Sendestationen auf der Erde noch bei den Relaisstationen im Nachrichtensatelliten ohne Röhren ab.

Die äußeren und die inneren Formen haben sich völlig gewandelt, sie sind so kompliziert geworden, daß die Elektronenröhre immer noch zu den Produkten zählt, deren erfolgreiche Herstellung fortschrittlichste Technologie abverlangt. Damit ist sie ausgezeichnetes Objekt für die Erörterung eines Querschnitts durch dieses Gebiet. Man kann sicher sein, dabei viele nützliche und verwertbare Hinweise für andere Gebiete der Vakuumelektronik zu geben.

Der Zweck dieses Buches ist, gewonnene Erfahrungen von den Grundlagen her in möglichst verständlicher Form weiterzugeben. Dabei sollen weder die wesentlichen Gesichtspunkte in einer Flut von Daten untergehen, noch soll eine Rezeptsammlung entstehen. Weiß man erst über das Grundsätzliche Bescheid, dann ist es nicht schwer, dem Spezialschrifttum und den zur Verfügung stehenden Nachschlagewerken die speziellen Daten zu entnehmen.

Technologie ist ein interessantes, doch manchmal etwas dornenvolles Gebiet. Das Spektrum von Materialeigenschaften, die ins Spiel kommen, ist breit und die Vielfalt ihrer gegenseitigen Beeinflussung groß. Erste Erfolge sind zwar tröstlich, der weite Weg zu gekonnter Routine jedoch ist nie frei von Rückschlägen. Ich möchte an dieser Stelle den vielen danken, die mitgeholfen haben, gesteckte Ziele zu erreichen, und auch denen, die das aufgrund langer Erfahrung hier Niedergeschriebene kritisch begutachtet haben.

München, im Januar 1974   **Helmut Katz**

Inhaltsverzeichnis

1. Feinbau der Materie

1.1. Grenzen

1.1.1. Die Begriffe Vakuum und Vakuumdichtigkeit

In heutiger Zeit gibt es mit dem Vakuum vielerlei Berührungspunkte. Selbst im Bereich des Haushaltes sind sie zu finden. Man verwendet „vakuumverpackte" Speisen, wobei allerdings das Vakuum nur ein geringer Unterdruck ist. Bei der Vakuumtrocknung ist die Leere des Raumes schon so groß, daß der Dampfdruck des Wassers, der bei Zimmertemperatur etwa 17 mm Quecksilber beträgt, unterschritten wird.

Bei dem hier zu behandelnden Gebiet wird von einem Vakuum erst gesprochen, wenn die freie Weglänge der Teilchen, die wir verwenden wollen, so groß geworden ist, daß Störungen auf ihrer Bahn und Beeinflussungen bei ihrer Erzeugung nicht mehr ins Gewicht fallen. In anderen Fällen muß zumindest der letztere Punkt erfüllt sein. Dazu ist es notwendig, daß nicht nur das entsprechende Gefäß genügend leergepumpt wird, sondern daß man alles, was sich in ihm befindet, einschließlich der begrenzenden Wände, von gelösten und adsorbierten Fremdstoffen befreit. Dies soll auch gelten, wenn später für bestimmte Zwecke absichtlich „sauberes Gas" eingefüllt werden muß. Wir beurteilen ein Vakuum somit nach dem Partialdruck unerwünschter Stoffe in Größenordnungen von 10^{-6}, 10^{-8}, ja 10^{-10} Torr.[1]

Diese Drücke sind so niedrig, daß man z. B. den „leeren Raum" über der Quecksilbersäule eines Barometers nicht als Vakuum ansehen kann. In ihm befindet sich vielmehr Quecksilberdampf von etwa $1{,}3 \cdot 10^{-3}$ Torr, und die an der inneren Oberfläche des Glases haftende Wasserhaut schickt zusätzlich Wasserdampf in das „Vakuum" hinein. Und

---

[1] Die Einheit Torr erinnert an Torricelli und seine erste Luftdruckmessung im Jahre 1643 mittels Quecksilber. Es ist 1 Torr = 1 mm Quecksilber. Eine Quecksilbersäule dieser Höhe übt auf eine Fläche von 1 cm² die Kraft 1,3595 p aus. Im Internationalen Einheitensystem (SI-System) ist die Krafteinheit Pond ersetzt durch die Krafteinheit Newton, die Druckeinheit Torr ersetzt durch die Druckeinheit Pascal. Da $1 \text{ p} = 9{,}807 \cdot 10^{-3}$ N, ist 1 Torr $= 1{,}3595 \text{ p/cm}^2 = 133{,}32 \text{ N/m}^2 = 133{,}32$ Pa. Ein besonderer Name — das Bar — ist im SI-System für 10^5 Pa vorgesehen. Es ist damit 1 Torr = 1,3332 mbar.

können vielleicht sogar durch das Glas hindurch Stoffe in Vakuumgefäße eindringen?

Vor zwanzig Jahren kamen die Wanderfeldröhren mehr und mehr zur Anwendung. Sie sind hinsichtlich ihres Vakuums besonders kritisch. Bei ihnen zeigten sich Schwierigkeiten, wenn man die Röhren längere Zeit ohne zwischenzeitliche Inbetriebnahme lagerte. Es traten vorher nicht vorhandene sogenannte Ionenschwingungen auf. Der Gasgehalt im Rohr war nachweisbar angestiegen. Aber was war die Ursache für diesen Anstieg? Mangelnde Sorgfalt bei der Behandlung der Materialien und beim Pumpprozeß konnten nicht in Frage kommen, es mußte während der Lagerung etwas Unvorhergesehenes geschehen. Wie sich herausstellte, war dieser Effekt besonders ausgeprägt, wenn man die Röhren zur schnelleren Erfassung etwaiger Undichtigkeiten in einer Helium-Überdruck-Kammer gelagert hatte.

Bald verdichteten sich in der Literatur Hinweise auf diese Problematik. Die Durchlässigkeit der Materialien, so z. B. die von Glas gegenüber Helium, wurde Gegenstand der Aufmerksamkeit, einfach weil die Technik neue Größenordnungen der Leere des Raumes verlangte. Man kam in Bereiche, wo die Gasdurchlässigkeit der Materialien selbst eine Rolle zu spielen begann.

1.1.2. Die Gasdurchlässigkeit wichtiger Materialien

Glas

Gehen wir zunächst von Ergebnissen bei Wanderfeldröhren aus. In Bild 1 ist in linearem Maßstab der Druckverlauf angegeben, wie er sich aufgrund von Messungen der Heliumdurchlässigkeit in Abhängigkeit von der Lagerzeit für den Glaskolben der speziellen Ausführung einer derartigen Röhre ergibt. Innerhalb der ersten 20 Tage herrscht ein Vakuum von mehr als 10^{-8} Torr. Dann macht sich ein zunehmender Anstieg bemerkbar. Nach 60 Tagen sind schon 10^{-7} Torr überschritten, und nach einem halben Jahr liegt der Druck bereits im Bereich von 10^{-6} Torr, viel zu viel, um ein einwandfreies Arbeiten einer solchen Röhre zu gewährleisten. Je weiter die Zeit fortschreitet, um so geradliniger geht bei der gewählten Darstellung der Anstieg weiter. Die Asymptote, der sich die Kurve nähert, schneidet die Abszisse bei 74 Tagen, der sogenannten kritischen Zeit t_c.

Die Versuchsbedingungen waren dabei folgende: Der Glaskolben wurde, bevor er abgeschmolzen und mit den Messungen begonnen wurde, gründlich ausgeheizt. Das geschah in einem evakuierten Raum, aus dem ebenfalls laufend alle Gase abgepumpt wurden. Das Glas des Kolbens mußte also alles, was es schon gelöst hatte und nicht „festhalten" konnte, solange abgeben, bis völliges Gleichgewicht mit dem umgebenden Vakuum hergestellt war. Auch das im Glas enthaltene Helium diffundierte nach innen und außen und wurde von da weggepumpt.

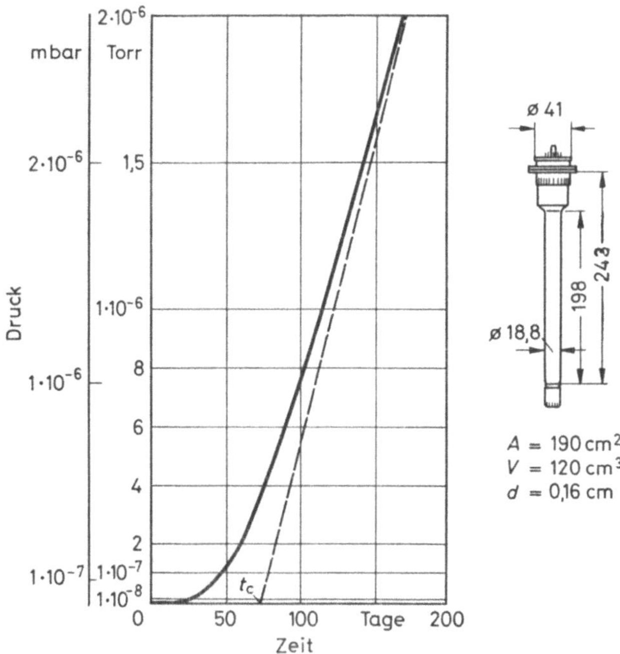

Bild 1. Abhängigkeit des Heliumdruckes von der Lagerzeit in einem Kolben aus 8243 III-Glas der Oberfläche A und der Dicke d für eine Wanderfeldröhre mit dem Volumen V. Lagerung in Erdatmosphäre bei Zimmertemperatur. t_c ist die kritische Zeit.

Nach der Abkühlung auf Zimmertemperatur wurde der Glaskolben der normalen Erdatmosphäre ausgesetzt. Diese enthält Helium mit einem Partialdruck von $4 \cdot 10^{-3}$ Torr. Davon nimmt das Glas jetzt wieder auf [1.19]. Zunächst ist jedoch keinerlei Druckanstieg bemerkbar, das Helium wird nur aufgenommen. Erst wenn zwischen außen und innen ein lineares Konzentrationsgefälle vorliegt, setzt die Einströmung in den Vakuumraum in vollem Umfang ein, so wie es der Steigung der Asymptote in Bild 1 entspricht.

Glas ist für Helium also nicht „dicht"; dieses dringt in das Glas ein und breitet sich durch Diffusion aus. In einer Atmosphäre, die Helium enthält, stellt sich ein lineares Konzentrationsgefälle ein. Die Zeit bis dahin kann Monate betragen. Sie hängt von der Temperatur des Glases, seiner Vorbehandlung und dem Heliumpartialdruck der Umgebung ab.

Mit zunehmender Temperatur wird die Diffusionsrate stark gesteigert. Glas, das an Luft längere Zeit ausgeheizt wurde, ist sicher mit

Helium gesättigt. In diesem Fall ist von Anfang an mit einer linearen Einströmung zu rechnen.

Mit Helium gesättigtes Glas kann zunächst von diesem wieder befreit werden. In allseitigem Vakuum findet eine Säuberung um so schneller statt, je höher die Glastemperatur ist.

Der quantitative Zusammenhang wird im linearen Teil des Druckanstiegs, der nach einer Zeit $t > 2{,}7\, t_c$ erreicht wird, durch die Gleichung

$$P = \frac{\varkappa A}{V d}\, t p_a$$

dargestellt[2]. Darin bedeuten P der im Inneren des Rohres herrschende Heliumdruck, p_a der Heliumaußendruck, A und d Oberfläche und Dicke des Glases und V das Volumen des Gefäßes. Das spezifische Verhalten verschiedener Gläser, der Einfluß der Temperatur der Glaswand und der Meßtemperatur sind in $\varkappa$ enthalten. In Tab. 1 werden typische Werte für $\varkappa$ angegeben.

Tabelle 1. Heliumdurchlässigkeit für zwei Glassorten bei verschiedenen Temperaturen

Versuch Nr.	Diff.-temp. in °C	Meßtemp. in °C	Glasart	$\varkappa$ in cm²/s
1	25	25	Borosilikat	$5{,}3 \cdot 10^{-12}$
2	400	25	Borosilikat	$8{,}6 \cdot 10^{-9}$
3	200	200	Borosilikat	$1{,}3 \cdot 10^{-9}$
4	25	25	Bleiborat	$< 10^{-13}$

Je kleiner $\varkappa$ ist, desto geringer ist die Einströmung. Durch Vergleich der Versuche 1 und 4 — es sind dafür Temperaturen gewählt, bei denen fertige Röhren gelagert und auf Vakuum überprüft werden — ersieht man, daß Bleiboratglas weit besser ist als Borosilikatglas. Doch spielen bei der Auswahl bestimmter Glassorten noch andere Erwägungen eine Rolle, und diese sprechen meist zugunsten des Borosilikatglases.

Die Einstellwerte bei Versuch 2 mögen zunächst etwas wirklichkeitsfremd erscheinen. Bei etwa 400 °C werden Röhren zwar ausgeheizt, doch wird dabei laufend evakuiert. Trotzdem sind diese hohen Diffusionswerte interessant, allein schon deswegen, weil die heutzutage

---

[2] Um die Zuordnung bestimmter Einheiten leicht zu überblicken, können die auszuwertenden Gleichungen als zugeschnittene Größengleichungen angegeben werden (DIN 1313). Es ist hier z. B.

$$\frac{P}{\text{Torr}} = \frac{\varkappa}{\text{cm}^2/\text{s}}\ \frac{\dfrac{A}{\text{cm}^2}}{V\ \dfrac{}{\text{cm}^3}}\ \frac{}{d\ \dfrac{}{\text{cm}}}\ \frac{t}{\text{s}}\ \frac{p_a}{\text{Torr}}\,.$$

oft verwendeten Ionengetterpumpen gegenüber Edelgasen weniger wirksam sind und somit der Heliumpartialdruck am Ende des Pumpprozesses nicht einen ausreichend niedrigen Wert erreicht. Versuch 3 endlich gibt einen Betriebsfall an der oberen Grenze der Arbeitstemperatur an. Mit dem angegebenen Wert von $\varkappa$ würde sich ohne ,,mildernde Einflüsse'' 1000 h nach Erreichen des statischen Betriebszustandes in der Erdatmosphäre in einer Wanderfeldröhre nach Bild 1 ein Druck von $5 \cdot 10^{-5}$ Torr einstellen.

Unabhängig von der Glassorte ergibt sich, daß man möglichst viel von der Glasoberfläche auf niedriger Arbeitstemperatur halten und das Verhältnis A/V (Bild 1) klein machen muß, indem für die Stellen, die nicht aus Glas zu sein brauchen, andere Materialien — z. B. Metalle — ausgewählt werden. Schließlich ist die Glasdicke so groß wie möglich zu wählen. Bei einer Reihe von Anwendungen, etwa bei Druckglaseinschmelzungen, läßt sich hiermit zuverlässige Abhilfe schaffen.

Zu den mildernden Einflüssen gehört vor allem die Gasaufzehrung. Der bis jetzt betrachtete Glaskolben ist, wenn er später zur Röhre ergänzt ist, nicht leer. In seinem Inneren befinden sich meist gut entgaste Metallteile, die vor allem dann, wenn die Röhre arbeitet und ein Elektronenstrom fließt, eingedrungenes Helium binden.

Doch trotz der Möglichkeit, die Gasdurchlässigkeit und ihre Auswirkungen einzudämmen, wurde die Frage immer dringender, ob Glas nicht durch andere Werkstoffe zu ersetzen sei. Dazu war es notwendig, sich einen Überblick über deren Verhalten zu verschaffen. Die Erfahrungen mit der Gasdurchlässigkeit von Glas hatten eine wirkliche Grenze erkennen lassen; es war nicht sicher, daß nicht auch bei anderen Materialien ähnliche Erscheinungen eine Rolle spielen.

Metalle

Genaue Untersuchungen hatten ergeben, daß Metalle wohl für Edelgase, nicht aber für andere Gase undurchlässig sind. So war bekannt geworden, daß z. B. Eisen von Wasserstoff und Stickstoff durchsetzt wird [1.13]. Eisen gehört mit seinen Legierungen zu den für die Vakuumtechnik unentbehrlichsten Stoffen. Als Einschmelzmaterial beispielsweise wird es mit einer Zumischung von Kobalt und Nickel verwendet und nicht nur mit Glas, sondern auch mit Keramik verbunden. Diese Legierung ist unter der Bezeichnung ,,Vacon'' geläufig, in anderen Ländern heißt sie ,,Kovar'' und ,,Ferniko'' (USA), ,,Dilver P'' (Frankreich), ,,Nilo K'' (England). Wenngleich sich ein solches Mehrstoffsystem anders und wesentlich günstiger verhält als seine Hauptkomponente, so kann doch aus deren Verhalten abgelesen werden, welche Gefahren drohen.

Die Durchlässigkeit von Eisen für Wasserstoff und Stickstoff schränkt z. B. die Freizügigkeit im Herstellungsgang von Vakuumgeräten ein. Der Ausheizprozeß, dem man das evakuierte Gefäß zur Säuberung der Oberflächen und Materialien unterwirft, könnte in einem äußeren, mit Schutzgas gefüllten Behälter vorgenommen werden. Dann blieben auch die äußeren Metalloberflächen sauber. Doch aus dem Schutzgas (einer Mischung aus Wasserstoff und Stickstoff) läßt Eisen nahezu hundertmal mehr Wasserstoff als Silikatglas Helium durch, wobei zusätzlich zu bedenken ist, daß der Außendruck im Schutzgas einige hundert Torr beträgt und nicht einige tausendstel wie beim Helium der Erdatmosphäre. Auch die Stickstoffeinströmung wäre schon viel zu groß.

Unabhängig vom Ausheizen kann der hohe Stickstoffgehalt der Luft beim späteren Betrieb Beschränkungen auferlegen. Auch Arbeitsgänge, die am fertigen Gefäß mit Elektrolyse verknüpft sind, erfordern Vorsicht. Der dabei abgeschiedene Wasserstoff dringt leicht ins Innere ein. Sogar eine Wasserkühlung kann gefährlich werden, weil bei entstehender Korrosion sich Wasserstoff bildet.

Ein anderer höchst wichtiger Werkstoff, Silber, ist ebenfalls, vor allem hinsichtlich Sauerstoff, gasdurchlässig. Silber ist in vielen Loten zum Verbinden von Einzelteilen einer Vakuumhülle enthalten.

Die bei Metallen kritischen Gase Wasserstoff, Stickstoff und Sauerstoff, zu denen sich noch Kohlenmonoxid gesellt, sind jedoch leichter auszuschalten als Edelgase. Es gibt für sie nämlich eine Reihe von sogenannten Gettern, das sind Stoffe oder Stoffkombinationen, die Gase im Innenraum eines Vakuumgefäßes aufzehren und bei den in Frage kommenden einströmenden Mengen mithelfen, gutes Vakuum über lange Zeit aufrechtzuerhalten. Mit ihrer Hilfe wird man meist der Mühe enthoben, andere und kostspieligere Maßnahmen zu ergreifen.

Um nur eine davon zu nennen: Wasserstoff, Stickstoff, Sauerstoff durchdringen Glas weit weniger als Helium. Helium seinerseits durchdringt kein Metall. Überzieht man nun das Metall mit einem Glas, einer Glasur, dann schränkt man jegliches Durchdringen weitgehend ein. Bei Metallteilen könnte man sich somit zusätzlich helfen. Der gefährlichere Teil einer immer aus Metall und Isolator bestehenden Vakuumhülle von verschlossenen Gefäßen ist somit der Isolator und seine eventuelle Durchlässigkeit für Edelgase, weil diese von Gettern nicht aufgenommen werden.

Keramik

Für das häufig verwendete Aluminiumoxid und auch für das zunehmend in Gebrauch kommende Berylliumoxid ist bis jetzt keine bemerkenswerte Gasdurchlässigkeit nachgewiesen worden. Man kann mit diesen Materialien somit auch Edelgasen Weg und Auswirkung versperren und dem wirklich „leeren Raum" bedeutend näher kommen.

1.1.3. Erste Auswahl von Werkstoffen

Die Gasdurchlässigkeit zeigt, wie unerwartet sich Material verhalten kann, wenn höhere Ansprüche gestellt werden, und welche Auswirkungen auch geringe Änderungen in der Zusammensetzung haben können. Die Ursachen dafür liegen im Feinbau der Materialien[3] begründet, der in technologische Betrachtungen mit einzubeziehen ist. Ohne Zweifel sind es „Löcher" in der Struktur des Glases, durch die Helium hindurchtreten kann.

Seit der Entdeckung der Röntgenstrahlen ist unser Wissen über den strukturellen Aufbau der Materie stark angewachsen. Es kamen die mikrokristallinen Körner zur Geltung. Die Tatsache wurde bekannt, daß Materialeigenschaften davon abhängen, wie sich die aufbauenden Atome zu Gruppen molekularer oder kristalliner Ordnung zusammenschließen. Man erkannte, in welch bestimmender Weise Unvollkommenheiten an Korngrenzen und im chemischen Aufbau in das Verhalten eingehen. Nur Glas widerstrebt heftig dem Versuch, ihm die „letzten Geheimnisse" auf diese Art zu entlocken. Es ist höchstens in winzigen Bezirken kristallin, insgesamt aber ein amorpher Körper.

Mehr Aufschluß liegt bei weiteren Stoffen vor, die hier in die Betrachtung einzubeziehen sind.

Der Isolator Keramik ist ebenfalls ein uralter Werkstoff. Er hat jedoch nur seinen Namen behalten, Zusammensetzung und Herstellung für technologische Zwecke sind anderer Art. Die „klassische" Keramik geht vom Feldspat, $K_2O \cdot Al_2O_3 \cdot 6\,SiO_2$ aus, wie er etwa im Granit enthalten ist. Durch Einwirkung von Regenwasser und der Kohlensäure aus der Luft entsteht Kaliumkarbonat, das gelöst und weggewaschen wird. Der Rest bildet mit Wasser zusammen Kaolinit, $Al_2O_3 \cdot 2\,SiO_2 \cdot 2\,H_2O$, der in kleineren, dünnen Plättchen von etwa 0,5 μm Länge und Breite und 0,03 μm Dicke vorliegt. Sie kleben wie nasses Papier zusammen und gleiten in feuchtem Zustand übereinander. Beim Trocknen werden solche Plättchen aneinander gebunden; auch der aus dem formenden Mantel entnommene Tonkörper behält seine Gestalt. Beim anschließenden Brennen verdampft das meiste des verbliebenen Wassers; SiO_2 und einige Verunreinigungen bilden ein flüssiges Glas, das die Kristallplättchen aus Aluminiumsilikat einhüllt und nach dem Erkalten fest zusammenhält.

---

[3] Eine als Leitfaden bestens geeignete Übersicht findet sich in Scient. Amer., Sept. 1967.

Bei der Keramik für unsere Zwecke ist diese Glasphase höchstens in Spuren vorhanden. Seit man Temperaturen um 2000 °C beherrscht, sind Sinterprodukte aus reinem Aluminiumoxid und Berylliumoxid herzustellen; ja man ist heute bestrebt, Beimengungen zu solcher Oxidkeramik mehr und mehr auszuschalten. Wir verstehen also unter Keramik Al_2O_3 und BeO in gesinterter, möglichst reiner Form.

Eine weitere Gruppe von Materialien fällt unter den Begriff Glaskeramik. Sie besteht aus einem glasigen und einem kristallisierten Anteil. Im Gegensatz zur „klassischen" Keramik, die ebenso zusammengesetzt ist, geht man bei der Herstellung von Glaskeramik von Glas aus und erzeugt in diesem durch gezielte Zugabe und Temperaturführung Kristalle bestimmter Größe.

Unter den Metallen gilt unser Augenmerk zunächst all denen, die Temperaturbeanspruchungen zumindest bis mehrere hundert Grad Celsius aushalten, ohne daß ihr Dampfdruck Werte annimmt, die während der verlangten Lebensdauer des Gefäßes zu störenden Kondensationsniederschlägen führen. Weit verwendbar wegen seiner zusätzlichen angenehmen Eigenschaften ist das unmagnetische Kupfer. Als angepaßter Metallpartner zur Verbindung mit Keramik und Glas leistet Eisen in mit Kobalt und Nickel legierter Form nahezu unersetzliche Dienste. Als Edelstahl (mit Chrom) findet es weitgehende Verwendung an den Stellen der Vakuumhülle, die nicht unmittelbar an den Isolator angrenzen. Wo unmagnetische Materialien zur Verbindung etwa mit Keramik gefordert sind und Kupfer nicht verwendet werden kann, weicht man auf Konstantan oder auch Molybdän aus, das im übrigen auch als Einschmelzmaterial für Glas Verwendung findet. Auch für Wolframeinschmelzungen gibt es angepaßte Gläser.

Alle bis jetzt erwähnten Metalle kommen auch für Innenteile von Vakuumgeräten in Frage. Besonders wenn hohe Temperaturbeanspruchung vorliegt, ist das unmagnetische und gut bearbeitbare Tantal von großer Bedeutung. Reines Nickel als Halbzeug ist z. B. noch für Oxidkathoden wichtig, als Überzugmaterial, etwa aus elektrolytischer Abscheidung, ist es nahezu unersetzlich. Ohne Silber, Gold, Platin, Palladium wäre mancher Herstellungsprozeß kaum möglich, auch die übrigen Platinmetalle kommen in kleinen Mengen in Frage, ebenso Rhenium, das als Zulegierung zu Wolfram auch mengenmäßig eine Rolle spielt. Schließlich sind Zirkon, Titan, Aluminium und Barium hier von einiger Wichtigkeit.

Kohle spielt zumindest für Innenteile von Vakuumgeräten weiterhin eine große Rolle. Es ist auch nicht ganz abwegig, sie als Hüllenmaterial vorzusehen.

Damit haben wir den Rahmen der hier hauptsächlich in Frage kommenden Materialien umrissen und wollen uns nun Feinheiten ihres Aufbaus zuwenden.

1.2. Metall, Keramik, Glas

Wir wissen, daß alle Materie aus elementaren Teilchen zusammengesetzt ist. Je nach ihrer Gruppierung entstehen die verschiedenartigsten Stoffe. Die Eigenschaften, die für die Vakuumtechnologie interessieren, sind in den Elektronenschalen der Atome verankert. Je nachdem, welche Ausdehnung sie einnehmen, wie viele Valenzelektronen vorhanden sind, wie fest diese gebunden sind usw., zeigen sich die Stoffe so unterschiedlich wie Metall, Keramik oder Glas. Wir wollen versuchen, das in der Elektronenkonfiguration begründete Wesen dieser Materialgruppen zu verstehen.

Metalle und Keramik sind kristalline Körper, Glas ist ein typisches Beispiel für einen Körper amorphen Aufbaus. Der Unterschied zwischen diesen beiden Zuständen besteht darin, daß beim amorphen Körper nur die einander benachbarten Atome eine gewisse Ordnung aufweisen, während sich im Kristall diese Ordnung über — atomar gesehen — große Entfernungen erstreckt.

Ein Festkörper kann aus der Dampfphase, aus einer Lösung oder aus einer Schmelze gebildet werden. Vollzieht sich der Übergang kontinuierlich, entsteht ein amorphes, vollzieht er sich sprungweise, entsteht ein kristallines Gebilde [1.7]. Seine Atome sind in einem dreidimensionalen Gitter angeordnet, das sich regelmäßig wiederholt. Solche Regelmäßigkeit reicht im amorphen Körper nicht sehr weit; er ist daher der Röntgenanalyse schwer zugänglich. Zur Erzeugung von aufschlußreichen Interferenzen sind periodische Anordnungen größerer Ausdehnung beim Zusammenwirken mit Wellenstrahlung Voraussetzung.

1.2.1. Der kristalline Aufbau

Meist sieht man einem Körper seinen Aufbau nicht ohne Hilfsmittel an. Nur in seltenen Fällen ist die Ausdehnung ungestörter kristalliner Regelmäßigkeit so groß, daß ein Stück Material nur aus wenigen „Einkristallen" oder sogar einem einzigen zusammengesetzt ist, so wie dies schon frühzeitig bei Kupfer [1.17] besonders gut sichtbar gemacht werden konnte. Sind die Einkristalle nur ganz klein, dann nennt man sie Kristallite oder Körner. Aber selbst wenn diese nur eine Kanten-

länge von 0,1 mm haben, sind entlang einer solchen Kante immer noch
ca. 400 000 Atome vorhanden.

Ein Kristall wird an seiner Oberfläche von Atomschichten begrenzt.
Die Winkel, die solche Begrenzungsflächen miteinander bilden, sind
für ein und dieselbe Substanz charakteristische Größen, so verschieden
groß auch die Flächen an sich sein mögen. Diese Winkel sind durch die
Reihen gegeben, die man aus einzelnen Atomen bilden kann. In Bild 2
ist dies angedeutet. Die Atome im Kristallit nehmen in diesem Fall
jeweils die Plätze in den acht Ecken eines Würfels ein, der senkrecht
auf der Zeichenebene steht. Eine zu ihr parallele Ebene ist herausgegriffen und dargestellt.

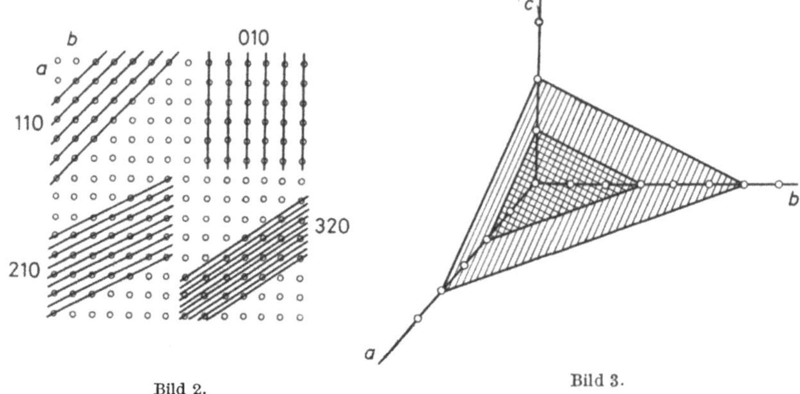

Bild 2.

Bild 3.

Bild 2. Die Winkel, die äußerlich wahrnehmbare Gitterflächen zueinander einnehmen, werden durch
die Ebenen bestimmt, die durch eine Vielzahl von im Gitter vorhandenen Atomen (Atom steht hier
auch für Ion) gelegt werden können. In der Grundebene eines auf der Zeichenfläche stehenden kubischen Kristalls gehen die Spuren dieser Ebenen durch Atomreihen [1.6].

Bild 3. Netzebenen und Millersche Indizes [1.6].

Für die Charakterisierung der einzelnen „Netzebenen" im Kristall
verwendet man die nach ihrem Entdecker benannten Millerschen Indizes (Bild 3). Man definiert sie als reziproke Werte der Strecken, die
solche Ebenen auf den Achsen eines gedachten, in diesem Fall recht-
winkligen kartesischen Koordinatensystems abschneiden. Im Bild sind
diese Strecken z. B. $a = 2$, $b = 3$, $c = 1$, die reziproken Werte also 1/2,
1/3, 1/1. Die zweite in Bild 3 eingezeichnete Ebene ergibt in dieser
Schreibweise das Zahlentripel 1/4, 1/6, 1/2. Es ist eine völlig gleich-
wertige Ebene, denn wo der Anfangspunkt der Koordinaten liegt, ist —
den Kristall betreffend — uninteressant. Diese Gleichwertigkeit wird
dadurch zum Ausdruck gebracht, daß man beide Zahlentripel auf den
Hauptnenner bringt und diesen Hauptnenner wegläßt. In beiden Fällen sind dann (326) die Millerschen Indizes dieser Gitterebenen.

Als Beispiel nehmen wir in Bild 2 an, daß die eingezeichneten Spuren von Ebenen stammen, die zur c-Achse parallel sind, also $c = \infty$

ist. Für die unten rechts gezeichneten Spuren zählt man ferner ab z.B. $a = 4$, $b = 6$. Aus $1/4 = 3/12$, $1/6 = 2/12$, $1/\infty = 0$ ergeben sich die Millerschen Indizes (320). Liegen umgekehrt diese z.B. mit (210) vor, dann heißt dies, daß die Achsenabschnitte $1/2$, $1/1$, ∞ oder $1, 2, \infty$ oder $2, 4, \infty$ usw. sind.

Schon ein Einkristall ist kein homogener Körper, im strengsten Sinne kein Idealkristall. Er enthält immer irgendwelche Fehler in seinem Aufbau, seien es unbesetzte Gitterplätze, seien es sogenannte Stufen- oder Schraubenversetzungen. Solche Fehler spielen eine wichtige Rolle, etwa bei der plastischen Verformbarkeit. Verunreinigungen kommen hinzu. Sie können Normalplätze im Gitter als „Gastatome" einnehmen, sie können sich aber auch in Versetzungen oder Verwerfungen besonders konzentrieren.

Oft will man gar kein einkristallines, sondern möglichst feinkörniges Material haben. Dann greift man zuweilen absichtlich zu verunreinigenden Zugaben, die sich in den Grenzflächen zwischen den Kristalliten, den Korngrenzen, festsetzen und das Zusammenwachsen der Kristallite zu einem großen Kristall verhindern. Ein interessantes Beispiel ist die Zugabe von 1 bis 2% ThO_2 zum Wolfram. Es zeigte den überraschenden Effekt, die Elektronenaustrittsarbeit des Wolframs zu verringern. Dies stimulierte grundlegende Untersuchungen, die den Weg zu heute gebräuchlichen Kathoden wiesen.

Im Idealkristall von Bild 2 nennt man das quadratische Feld, das von vier Atomen begrenzt ist, Elementarfeld. Durch fortwährendes Aneinanderfügen solcher Elementarfelder kann man die Gitterebene aufgebaut denken. Man beachte, daß jedes Elementarfeld nur an einer einzigen Ecke besetzt sein darf, daß es also in unserem Fall nur ein einziges Atom enthält, denn nur dann fügen sich die Atome zum gezeichneten Gitter zusammen.

Enthält das Elementarfeld auch im Innern Atome (Bild 4), dann kann keines von diesen beim Zusammenfügen mit dem eines anderen Elementarfeldes zusammenfallen. In dem eingezeichneten Fall z.B. enthält das Elementarfeld zwei Atome. Die Lage des zweiten und jedes anderen Atoms definiert man in bezug auf die — im Beispiel mit einem Atom besetzte — Ecke des Elementarfeldes durch die Koordinaten x und y, wobei als Einheit die Seitenlänge a des Elementarfeldes gewählt wird. In unserem Fall ist $x = 3/4$ und $y = 1/2$ oder einfach $3/4$, $1/2$ geschrieben.

Berücksichtigt man nun auch die räumliche Ausdehnung eines Kristalls, dann wird das Elementarfeld zur Elementarzelle. Sie hat einen Innenraum und begrenzende Flächen. Wir legen auch weiterhin (wie in Bild 2) Würfel zugrunde. Zur Kennzeichnung der Lage von Atomen im Innern von dreidimensionalen Gebilden brauchen wir noch

die dritte Koordinate z, die ebenso zu der Kantenlänge in Beziehung
gesetzt wird wie x und y; $x = 1/2$, $y = 1/2$, $z = 1/2$ gäben somit das
Atom an, das im Mittelpunkt des Würfels sitzt. In kurzer Schreibweise
hat es die Koordinaten 1/2, 1/2, 1/2.

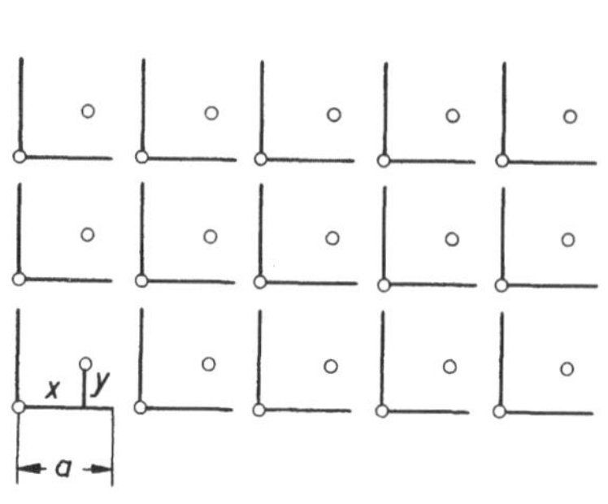

Bild 4. Zusammensetzung einer Gitterebene aus Elementarfeldern.

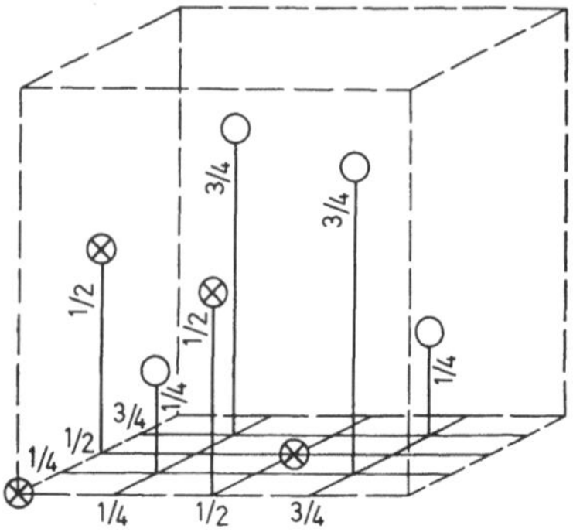

Bild 5. Elementarzelle. Die mit einem Kreuz versehenen Atome bilden die Elementarzelle von Kupfer, alle zusammen die von Diamant.

Beim Zusammenfügen von würfelförmigen Elementarzellen ist zu
berücksichtigen, daß nur dann keine Atome aufeinanderliegen, wenn
von den acht Ecken nur eine besetzt ist, und wenn von gegenüber-
liegenden Flächen nur je eine ein Atom mit gleichen Koordinaten enthält.

Als Beispiel betrachten wir aus dem in Bild 5 dargestellten Gitter
nur die Atome mit den Koordinaten 0, 0, 0; 0, 1/2, 1/2; 1/2, 0, 1/2;
1/2, 1/2, 0. Ihr Abstand, z.B. der des Atoms 0, 0, 0 zum Atom 1/2, 0,
1/2, ergibt sich aus dem rechtwinkeligen Dreieck zu

$$a \sqrt{(1/2)^2 + (1/2)^2} = (a/2) \sqrt{2}\,.$$

Der gleiche Abstand ergibt sich für alle anderen, benachbarten
Atome zueinander. Mit $a = 3{,}61 \cdot 10^{-10}$ m ist das Kupfergitter gege-
ben[4]. Der Abstand der Atommittelpunkte ist dabei $2{,}55 \cdot 10^{-10}$ m.
Nähme man an, in ihm seien die Atome so gepackt wie aneinander-
stoßende Kugeln, dann hätte jede Kugel den Radius $1{,}28 \cdot 10^{-10}$ m
(Tabelle 3).

In der Tat entspricht der Bau eines Kristalls aufeinandergepackten
Kugeln, wobei die Kugeln die Atome sind. Ihr Durchmesser ist aller-
dings nicht unabhängig von äußeren Einflüssen. Mit zunehmendem
Druck z.B. wird er etwas kleiner. Man leitet dies daraus ab, daß ein
Kupferkristall unter hohem Druck ein etwas kleineres Volumen ein-

---

[4] Die bisher für atomare Abmessungen meist verwendete Einheit Å ist nur
noch bis Ende 1977 zugelassen. Doch fällt hier der sofortige Gebrauch einer SI-
Einheit leicht. Es ist $1\ \text{Å} = 10^{-10}$ m $= 10^{-1}$ nm.

nimmt. Aus dem Aneinanderfügen von Elementarzellen ergibt sich in diesem Fall, daß jedes Atom zwölf andere Atome unmittelbar berührt. Dies ist die größtmögliche Koordinationszahl (Zahl der unmittelbaren berührenden Nachbarn); das kubisch-flächenzentrierte Gitter z.B. zeigt dichteste Kugelpackung.

Jetzt sollen auch die anderen eingezeichneten Atome (Bild 5) mitbetrachtet werden, jedoch sollen es Kohlenstoffatome sein. Das Kohlenstoffatom, das, in anderer Form zusammengelagert, den schwarzen Graphit ergibt, baut in dieser Form den klaren Diamant auf, der auch für technische Zwecke hervorragende Eigenschaften hat. Die Tatsache, daß seine Dichte rund das $1^1/_2$-fache der von Graphit ist, weist schon darauf hin, daß er sich nur unter ganz besonderen Bedingungen — z.B. hohem Druck — bildet. Solche Verhältnisse lagen offenbar zeitweilig in der Erdkruste vor. Sie können heute im Laboratorium, wenn auch nicht in idealer Weise, nachvollzogen werden.

Die Koordinaten der acht Atome in der Elementarzelle sind: 0, 0, 0; 0, 1/2, 1/2; 1/2, 0, 1/2; 1/2, 1/2, 0; 1/4, 1/4, 1/4; 1/4, 3/4, 3/4; 3/4, 1/4, 3/4; 3/4, 3/4, 1/4, die Kantenlänge a der Zelle ist, $3{,}56 \cdot 10^{-10}$ m. Die kleinsten Abstände, die zwischen zwei Atomen auftreten, sind durch die Koordinatendifferenz 1/4, 1/4, 1/4 gegeben. So hat z.B. das Atom mit 1/4, 1/4, 1/4 vom Atom mit 0, 0, 0 den Abstand $3{,}56 \cdot 10^{-10} \cdot \sqrt{(1/4)^2 + (1/4)^2 + (1/4)^2}$ m $= 1{,}54 \cdot 10^{-10}$ m. Auch alle anderen Atome haben jeweils vier Nachbarn in ebenfalls diesem Abstand. Berühren sich Atome bei einem solchen Abstand ihrer Mittelpunkte, dann ist ihr Radius $0{,}77 \cdot 10^{-10}$ m. Man findet diesen Wert für das C-Atom als Radius in der sogenannten kovalenten oder homöopolaren Bindung.

Aus diesem Diamantgitter geht nun das Gitter hervor (Bild 6), das uns in Bezug auf Glas ganz besonders interessiert[5]. An die Stelle der Kohlenstoffatome treten Siliziumatome, und in die Bindung von Silizium zu Silizium sind Sauerstoffatome eingedrungen; im fertigen Gitter liegen sie als Ionen vor. Man nennt den Kristall mit diesem Gitter Cristobalit.

Die Elementarzelle enthält Sauerstoffionen, deren Koordinaten sich unter der Voraussetzung, daß die Bindung geradegestreckt ist, leicht angeben lassen. Einige von ihnen sind in Bild 7 für sich allein herausgezeichnet und noch durch Ionen aus benachbarten Elementarzellen (7/8, 3/8, 5/8 aus der Zelle die an die Fläche *ABFE* anschließt,

---

[5] Ist es notwendig, sich mit Kristallgittern genauer zu beschäftigen, so geht man von den Elementarzellen aus. Man findet ihre Abmessungen als Gitterkonstanten, für viele Substanzen sind auch die Koordinaten der einzelnen Atome angegeben [1.29]. Oft vermittelt schon ein in der Fläche dargestelltes räumliches Gitter ein verwertbares Bild, auch wenn nicht alle Koordinaten der Atome vorliegen.

5/8, 3/8, 7/8 aus der an *AEHD* anschließenden Zelle und 5/8, 1/8, 5/8 aus dem Anschluß an *FGHE*), ergänzt. Man erkennt, daß sie alle in einer Ebene liegen und sich die eingezeichneten Verknüpfungen der Sauerstoffionen ergeben. In den Dreiecken haben sie alle voneinander gleichen Abstand, der sich aus den Koordinaten zu $(a/4)\sqrt{2}$ errechnet.

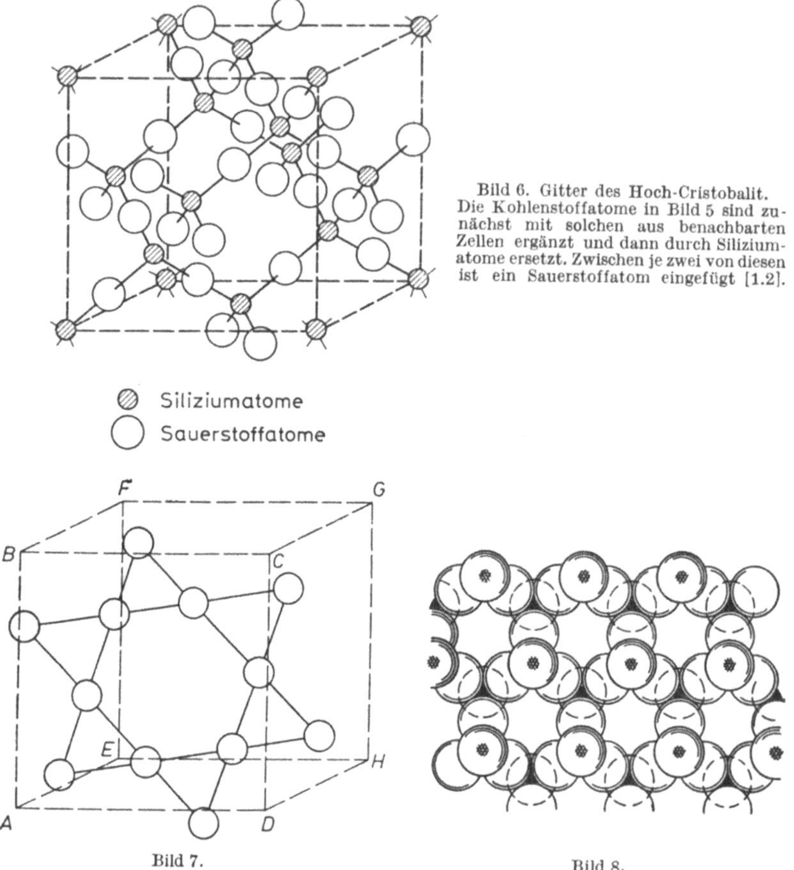

Bild 6. Gitter des Hoch-Cristobalit. Die Kohlenstoffatome in Bild 5 sind zunächst mit solchen aus benachbarten Zellen ergänzt und dann durch Siliziumatome ersetzt. Zwischen je zwei von diesen ist ein Sauerstoffatom eingefügt [1.2].

Bild 7.

Bild 8.

Bild 7. Die Sauerstoffionen 1/8, 1/8, 1/8; 3/8, 3/8, 1/8; 5/8, 5/8, 1/8; 7/8, 7/8, 1/8; 1/8, 3/8, 3/8; 5/8, 7/8, 3/8; 1/8, 5/8, 5/8; 3/8, 7/8, 5/8; 1/8, 7/8, 7/8 liegen in einer Ebene. Ergänzt man noch aus benachbarten Elementarzellen mit ebenfalls in der gleichen Ebene liegenden Sauerstoffionen, dann erhält man das vorliegende anschauliche Bild von ihrer gegenseitigen Lage.

Bild 8. Sauerstoff- und Siliziumionen im Cristobalit.

Mit Ionen aus parallelen Ebenen ergänzen sich diese Dreiecke zu Tetraedern; in ihrer Mitte befindet sich ein Siliziumion.

Eine natürliche Vorstellung von dem tetraedrischen Gefüge kann man sich machen, wenn man senkrecht auf die erwähnten Ebenen blickt und die Ionen in angepaßter Größe zeichnet (Bild 8). Diese Struktur zeigt nochmals, wie jedes Siliziumion von vier Sauerstoffionen umgeben ist, und wie diese gleichzeitig einem andern Tetraeder angehören, so wie es aus Bild 7 schon hervorgeht. In der Mitte sind „Löcher" von hexagonaler Struktur.

Damit eine Kugel (Radius r) zwischen vier anderen tetraedrisch angeordneten Kugeln (Radius R) Platz hat, ohne deren Abstand aufzuweiten, darf sie eine gewisse Größe nicht überschreiten. Der entsprechende Radius ist $r = 0{,}225\,R$. Im Cristobalitgitter ist dieses Verhältnis 0,32; das Gitter ist also aufgeweitet[6].

1.2.2. Der amorphe Körper Glas

Bis jetzt haben wir sowohl ein Metall als auch einen Isolator als Vertreter von Stoffen angeführt, die aus nur einer Atomart bestehen. Durch Hinzufügen des Sauerstoffatoms kommen die so wichtigen Substanzen SiO_2, BeO, Al_2O_3 zustande. Um zu weitgehend nutzbarem Glas zu kommen, brauchen wir weitere Komponenten, im einfachsten Fall — außer dem Hauptanteil SiO_2 (in Form von Quarzsand) — Alkalioxid (z.B. Na_2O als Soda, Na_2CO_3) und Erdalkalioxid (z.B. Kalk, CaO). Die Zugaben zum SiO_2 bewirken ein Schmelzen schon bei 1400 bis 1500 °C; man hält dann solange im geschmolzenen Zustand, bis Blasenfreiheit erreicht ist. Nach genügender Abkühlung erfolgt aus dem noch zähen Zustand heraus eine Formgebung. Die Gefahr beim Abkühlen besteht darin, daß bei zu langsamem Durchschreiten eines bestimmten Temperaturbereiches eine „Entglasung" eintreten kann, d. h. es bilden sich unerwünschte Kristalle. Die Neigung zu dieser Kristallbildung hängt überdies von der Zusammensetzung ab.

Aus langer empirischer Erfahrung und in späterer Zeit auch aus Resultaten von systematischen Untersuchungen weiß man über die Auswirkung von Zugaben — hier auf Hauptkomponenten beschränkt — folgendes:

Siliziumoxid ist Träger des Glaszustandes bei den meisten technischen Gläsern. Mit wachsendem Anteil werden die Stabilität und die chemische Resistenz größer, der Ausdehnungskoeffizient wird kleiner. Der Anteil an SiO_2 beträgt meist mehr als 50%. Eine erstarrte Schmelze von SiO_2 allein nennt man Kieselglas.

Boroxid unterstützt die Neigung zu Glasbildung und verringert die Entglasungsneigung. Durch Herabsetzen der Zähigkeit wird die Schmelzbarkeit erleichtert (Borosilikatglas).

Bleioxid erhöht stark den elektrischen Widerstand. Damit es später nicht zum Metall reduziert wird, muß das Glas oxydierend ver-

---

[6] Vgl. [1.14]. Wenn man die Werte der später angeführten Tabelle 3 für O^{2-} und Si^{4+} zugrundelegt, erhält man 0,295.

arbeitet werden. Erhöhte Dichte, gute Absorption von Röntgenstrahlen, erhöhter Brechungsindex.

Aluminiumoxid setzt durch Erhöhung der Viskosität und der Oberflächenspannung die Entglasungsneigung herab. Es gibt erhöhte chemische Widerstandsfähigkeit.

Kalziumoxid sichert die chemische Widerstandsfähigkeit.

Natriumoxid, die wirksamste Schmelzhilfe, erhöht stark die elektrische Leitfähigkeit und den Verlustwinkel. Wegen hoher Wärmedehnung ist die Temperaturwechselbeständigkeit geringer.

Kaliumoxid ergibt ähnliche Eigenschaften wie Natriumoxid, hat jedoch geringere dielektrische Verluste zur Folge.

Als Beispiele seien in Tab. 2 die Zusammensetzungen je eines Vertreters eines Bleiweichglases und eines Hartglases angegeben[7].

Tabelle 2. Zusammensetzung zweier Gläser

Bleiglas		Borosilikatglas	
SiO_2	68%	SiO_2	80%
PbO	15%	B_2O_3	14%
Na_2O	10%	Na_2O	4%
K_2O	6%	Al_2O_3	2%
CaO	1%		

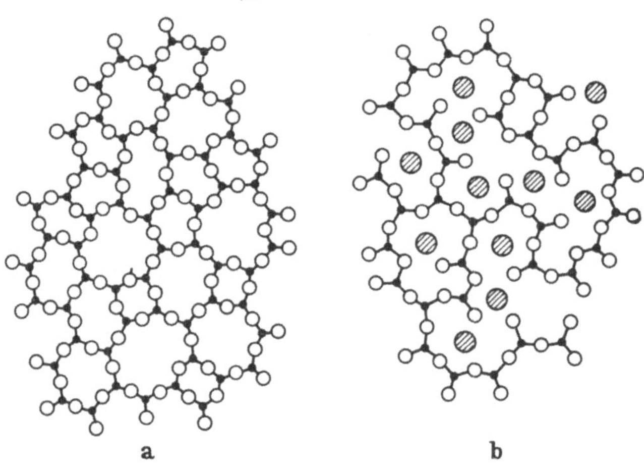

Bild 9. Schematische Glasstrukturen [1.6] von Kieselglas (a) und Natriumsilikatglas (b).

Man weiß auch heute noch nicht mit Sicherheit, in welcher Bindung die einzelnen hinzugegebenen Elemente in dem „amorphen Körper vor-

[7] Nach Angaben der Firma Corning Glass Works.

liegen, der durch Unterkühlung einer Schmelze entsteht und infolge der allmählichen Zunahme der Zähigkeit die mechanischen Eigenschaften eines festen Körpers annimmt" [1.18].

Strukturen von Glas, wie man sie sich vorstellt [1.6], sind in Bild 9 wiedergegeben. Bild 9a zeigt Kieselglas, in Bild 9b sind zusätzlich Alkaliatome enthalten. Diese sind leicht beweglich, unterbinden einen Teil der Sauerstoffbrücken und tragen damit zur leichteren Schmelzbarkeit bei. Die „Löcher" in der Struktur sind erfahrungsgemäß beim Kieselglas am ausgeprägtesten — Kieselglas hat die größte Heliumdurchlässigkeit — und haben im Mittel einen Durchmesser von $2,4 \cdot 10^{-10}$ m [1.22], so daß Heliumatome (Durchmesser $1,86 \cdot 10^{-10}$ m) hindurch können[8]. Diese Durchlässigkeit war der Ausgangspunkt unserer Betrachtungen.

Sind die hexagonalen Löcher in der Struktur des Cristobalit (Bild 6 und Bild 8) möglicherweise von ähnlicher Größe wie die im Kieselglas, und ist damit ein Zusammenhang mit dessen Gasdurchlässigkeit herstellbar? Der Radius des in das hexagonale Loch einbeschriebenen Kreises ist gleich dem Abstand zweier Sauerstoffatome. Dieser hängt davon ab, in welcher Größe die gebundenen Ionen vorliegen, und wie weit beispielsweise durch Zwischenquetschen des Siliziumions das tetraedrische Gitter aufgeweitet ist. Aus der Gitterkonstanten $7,2 \cdot 10^{-10}$ m — die Seitenlänge a der Elementarzelle — ergibt sich für $(a/4) \sqrt{2}$ der Wert $2,5 \cdot 10^{-10}$ m. Diese Löcher sind somit praktisch gleich denen, die für Kieselglas angegeben sind.

In der Natur liegt SiO_2 als Quarz vor [1.6]. Dieser wandelt sich bei Erhitzung auf 573 °C vollständig in den sogenannten Hochquarz um. Der Vorgang ist reversibel, beim Abkühlen entsteht bei der gleichen Temperatur wieder Tiefquarz, von dem wir ausgegangen waren. Erhitzt man über 1000 °C hinaus und hält die Temperatur längere Zeit konstant, „tempert" man also etwa oberhalb 1200 °C, dann ändert sich die Modifikation nochmals, sie führt zum Cristobalit. Dieser schmilzt bei 1723 °C. Schnelles Abkühlen der Schmelze ergibt das amorphe Kieselglas, Tempern unterhalb 1723 °C jedoch wieder den kristallinen Cristobalit. Auch dieser wandelt sich bei 270 °C nochmals reversibel von Hochcristobalit in Tiefcristobalit um; eine Umwandlung in Quarz ist aber ohne weiteres nicht mehr möglich.

Bei der Verarbeitung zu Glas wird der Quarzsand mit Sicherheit auf über 1200 °C und weiter bis zum Schmelzen erhitzt, so daß Cristobalit entsteht, der bei Abkühlung nicht mehr zu Quarz wird. Die Gas-

---

[8] In der neueren Arbeit [1.26] wird gezeigt, daß die Durchlässigkeit nicht davon abhängt, ob von natürlichem geschmolzenem Quarz oder von synthetischem ausgegangen wird.

durchlässigkeit von Quarz[9] braucht damit nicht in Parallele zu der von Kieselglas zu stehen, vielmehr wird die Struktur des Cristobalit, insbesondere die des kubisch kristallisierenden Hochcristobalit heranzuziehen sein, dessen Aufbau von so „löcheriger Natur" ist[10], daß er keine unüberwindliche Barriere für Heliumatome darstellt. Die zunächst so überraschende Tatsache, daß Glas gasdurchlässig sein kann, wird bei der Betrachtung der Kristallstrukturen also durchaus verständlich.

1.2.3. Glaskeramik

Bei der Abkühlung einer Glasschmelze wirkt die zunehmende Zähigkeit bei der Ausbildung einer Ordnung über größere molekulare Bereiche hemmend. Doch gibt es für jedes Glas einen bestimmten Temperaturbereich, in dem es hinsichtlich Kristallisation gefährdet ist. Diese natürliche Kristallisationsneigung der Gläser versuchte man schon immer auszuschalten, da unkontrolliert gebildete Kristalle die verschiedensten Störungen verursachen.

Mit einer gelenkten Kristallisation jedoch hat man es in den letzten beiden Jahrzehnten verstanden, einen neuen Werkstoff (Pyroceram, Vitroceram) mit teilweise überraschenden und begehrten Eigenschaften zu züchten. Man ging dabei von der Tatsache aus, daß für jede Kristallisation zwei wesentliche Bedingungen erfüllt sein müssen: Es müssen Keime vorhanden sein, und von diesen Keimen aus müssen die Kristalle auch wachsen können. Fehlt eine dieser Voraussetzungen, dann ist eine gezielte Kristallisation nicht möglich.

In jedem Glas sind Keime vorhanden. Sie entstehen beim Abkühlen der Schmelze, jedoch erst bei so niedriger Temperatur, daß die Zähigkeit des Glases für eine Ausbildung von Kristallen schon zu groß ist. Man kann auf diese Weise bewußt die Kristallisation vermeiden. Bei der Herstellung von kristallisiertem Glas sorgt man zunächst dafür, daß sich viele und im Körper gleichmäßig verteilte Keime ausbilden. Einem Glas, das z.B. im System LiO_2–Al_2O_3–SiO_2 erschmolzen wird, gibt man zu diesem Zweck zusätzlich wirkungsvolle Keimbildner wie TiO_2, ZrO_2 oder P_2O_5 zu. Bei der Abkühlung der Schmelze entsteht jedoch auch mit ihnen ein Material mit normalen Eigenschaften. Auch hier sind die Keime beim Durchlaufen der für die Kristallisation geeigneten Zähigkeit nicht ausreichend vorhanden. Schließt man aber einen zweiten Verfahrensschritt an, bei dem man das Glas wieder auf

---

[9] In [1.21] wird erwähnt, daß für Quarz bei normaler Temperatur eine Heliumdurchlässigkeit nicht nachweisbar ist.

[10] In neuerer Zeit [1.29, Auflage 1963, S. 318] nimmt man etwas andere Koordinaten für die Sauerstoffionen im Cristobalitgitter an; es dürfte sich dadurch jedoch nichts Entscheidendes ändern.

höhere Temperatur bringt, dann kann man zunächst die volle Ausbildung der Keime und bei noch höherer Temperatur deren Wachstum
zu Kristallen erreichen.

Bild 10 erläutert diesen Ablauf näher. Im Bereich *1* liegt die Glasschmelze vor. Beim Abkühlen wird der Bereich *2* durchlaufen, in dem,
falls gewünscht, eine Formgebung möglich ist und die geformten Körper dann z.B. auf Zimmertemperatur abgekühlt werden können. Für
die Umwandlung in Glaskeramik wird auf die wieder höhere Tempera-

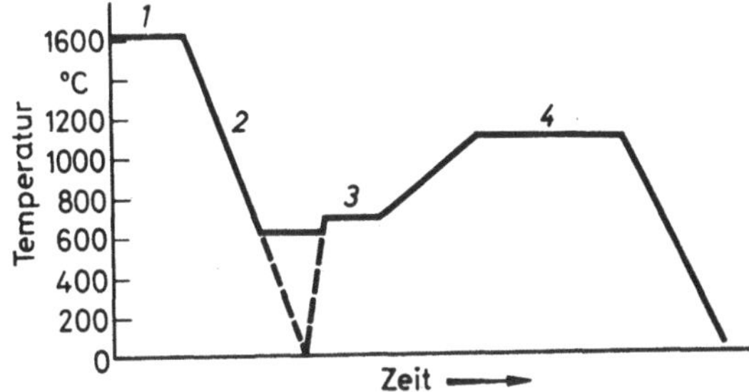

Bild 10. Temperaturführung (schematisch) zur Erzeugung kristallisierten Glases. Bei der Temperatur *1* wird Glas erschmolzen, im Temperaturbereich *2* wird die Schmelze abgekühlt. Anschließend
wird bei einer Temperatur *3* volle Keimbildung erreicht und dann bei der möglichen Temperatur *4*
die Kristallisation ermöglicht [1.23].

tur *3* eingestellt und die Zeitdauer dabei so gewählt, daß hier die Keimbildung in vollem Umfang vor sich geht. Weitere Temperatursteigerung
auf eine Temperatur *4* und Konstanthalten dieser Temperatur über
ausreichende Zeit führt schließlich zum Kristallwachstum im gewünschten Ausmaß. Es entsteht ein Körper, der aus Kristallen und
einer Restglasphase besteht, die sogenannte Glaskeramik.

Ihre Eigenschaften werden sowohl von der Art der Kristallphase
als auch von der Zusammensetzung der übrigbleibenden Glasphase, die
sich von der Zusammensetzung der Ausgangsphase unterscheiden kann,
bestimmt. Im allgemeinen nimmt bei der Umwandlung die Dichte zu,
die Wärmedehnung wird geringer, und die Festigkeit und die Zähigkeit
steigen. Es können sich negative Wärmedehnung der Kristalle und
positive Wärmedehnung der Restglasphase weitgehend kompensieren,
so daß die resultierende Wärmedehnung nahezu Null ist. Für viele
Anwendungen, z.B. für großen und plötzlichen Temperaturschwankungen ausgesetzte Geräte, ist dies von großer Bedeutung.

Die Größe der entstehenden Kristalle hängt von der Temperaturführung ab, sie steigt, wenn die Glaskeramik bei höherer Temperatur
getempert wird. In diesem Fall wird das Material undurchsichtig.
Andererseits kann man erreichen, daß Kriställchen von weniger als
$500 \cdot 10^{-10}$ m entstehen, die somit so klein sind, daß sie nur unbedeu-
tende Lichtstreuung verursachen. Für Beobachtungsinstrumente der

Astronomie ist diese Tatsache — verbunden mit der nicht vorhandenen Wärmedehnung — von großer Wichtigkeit.

Die hier zu beschreibende Technologie bedient sich der Glaskeramik nur zögernd. Allerdings hat sie in Gestalt der kristallisierenden Glaslote schon zu einer wichtigen Anwendung geführt. Diese Art von Glasloten fußt darauf, daß bei der Umwandlung Wärmedehnung und Zähigkeit sich ändern. Glaslote müssen ganz allgemein die Bedingungen erfüllen, daß sie den zu verlötenden Glasteilen in ihrer Wärmedehnung angepaßt sind und daß sie bei tieferer Temperatur flüssig werden, als die zu verlötenden Teile erweichen. Damit sind Temperaturwerte und Ausdehnungskoeffizienten vorgegeben, die es nicht gestatten, für alle Glassorten geeignete Lote zu finden, insbesondere nicht für Gläser mit kleiner Wärmedehnung. Die Verwendung von kristallisierenden Glasloten eröffnet nun solche Möglichkeit. Sie entglasen bei einem nach genauem Temperatur-Zeit-Programm gesteuerten Lötprozeß, haben danach eine kleinere Wärmedehnung, die jetzt der des zu verlötenden Glases angepaßt ist, und auch größere Zähigkeit. Damit sind später durchzuführende Ausheizprozesse bis zu Temperaturen möglich, die die ursprünglich angewandte Löttemperatur sogar noch überschreiten.

Eine bekannte Anwendung solcher kristallisierender Glaslote liegt bei der Verlötung des Trichters mit dem Schirm der Fernseh-Farbbildröhren vor. Um eine Schädigung der eingebauten Teile zu vermeiden, dürfen bei der Verbindung nur Temperaturen unterhalb 450 °C angewendet werden, ein Verschmelzen kommt somit nicht in Frage. Andererseits muß später möglichst bei 400 °C ausgeheizt werden können. Beide Bedingungen sind mit kristallisierenden Glasloten zu erfüllen. Die Vorteile dieses Verfahrens werden auch bei anderen Gefäßen für Vakuumelektronik ins Gewicht fallen, denn jeder Einschmelzprozeß gefährdet die in der Nähe befindlichen, oft sehr empfindlichen Einbauteile.

1.2.4. Arten chemischer Bindung

Zu einem in sich geschlossenen Überblick über das vorliegende Arbeitsgebiet sind neben Vorstellungen über Strukturen und deren Auswirkungen auch die Einflüsse der Kräfte, die die Bausteine im festen Körper zusammenhalten, mit in die Betrachtung einzubeziehen. Wir haben somit auch die gegenseitige Bindung der Atome bei den uns interessierenden Werkstoffen zu betrachten, die in vier Arten vorkommt, wobei es meist kein „entweder — oder", sondern ein „sowohl — als auch" gibt.

Metallische Bindung

Wenn sich Atome zu einem Metall zusammenschließen, verteilen sie ihre Valenzelektronen. Ein Kupferatom z.B. — und alle seine Nach-barn — liefert sein einziges in der äußersten Schale vorhandenes Elektron in ein gemeinsames Elektronengas zwischen den zurückgelassenen Ionen. In diesem „Gas" stoßen sich die Elektronen untereinander ab; durch die Ionen werden sie angezogen. Als Resultierende muß die Anziehung überwiegen, sonst könnte kein festes Metall existieren. Nur wenige Beispiele dieser komplizierten Kohäsionsverhältnisse sind durch-gerechnet.

Die metallische Bindung ist weder spezifisch, noch ist sie gerichtet, d. h. sie ist gleich stark in allen Richtungen. Die Atome[11] sind nicht sehr „wählerisch", mit welchen anderen Atomen sie sich durch das Elektronengas hindurch koppeln. Die Metallatome sind eng gebunden, ihre verbleibenden Elektronenschalen liegen dicht aneinander. Diese dichte Packung begünstigt reguläre Kristallstrukturen. Gegen Druck und Zug sind Metalle sehr widerstandsfähig, doch nicht gegen Scher-kräfte. Einzelne Atomschichten gleiten relativ leicht seitlich über an-dere hinweg.

Ionenbindung

In Kristallen, die aus verschiedenartigen Atomen aufgebaut sind, kann die Bindung heteropolaren Charakter annehmen. Schulbeispiel dafür sind die Verbindungen aus Elementen der ersten und der siebten Gruppe des periodischen Systems, beispielsweise NaCl. Das Natriumatom hat in seiner äußeren Schale ein einzelnes Elektron, dem Chloratom fehlt gerade noch eines, um diese vollständig aufzufüllen. So findet eine Über-pflanzung des einen Elektrons statt, das Natriumatom bleibt positiv geladen zurück (Kation, weil es bei angelegtem Feld die Tendenz hat, zur Kathode hin zu wandern), das Chloratom wird zum negativ gela-denen Ion (Anion). Die beiden verschiedenartig geladenen Ionen ziehen sich nach dem Coulombschen Gesetz an. Beide Ionen befinden sich in edelgasähnlicher Konfiguration und haben damit auch kugelsymmetri-sche Elektronenverteilung. Die Wechselwirkung mit andern Ionen ist darum unabhängig von der Richtung.

Die Coulombsche Anziehung möchte die Ionen einander immer weiter nähern. Wenn jedoch die Elektronenschalen anfangen, inein-anderzudringen, entwickeln sich Abstoßungskräfte. Der Abstand, der sich schließlich einstellt, entspricht dem Gleichgewicht der beiden Kräfte (Bild 11). Für genauere Berechnungen darf man nicht nur die

---

[11] „Atome" steht auch hier oft gleichzeitig für „Ionen".

Kräfte betrachten, die die Ionen eines einzigen Paares aufeinander ausüben, sondern muß auch diejenigen berücksichtigen, die von den
Ionen der näheren oder weiteren Umgebung ausgeübt werden. Der
Beitrag dieser anderen Ionen wird mit einem nach Madelung benannten,
für die verschiedensten Gitter berechneten Faktor berücksichtigt.

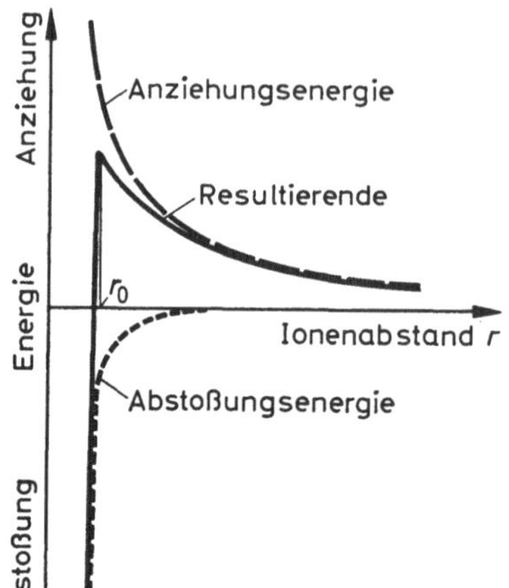

Bild 11. Der Abstand im Kristallgitter resultiert
immer aus dem Gleichgewicht zwischen anzie-
henden und abstoßenden Kräften. Das Bild
gibt an, welcher Abstand r_0 sich einstellt
[1.6].

Da der Abstand ein Gleichgewichtszustand zwischen Abstoßung
und Anziehung ist, ändert er sich mit deren Größe. Größere anziehende
Kräfte ergeben kleineren Abstand. Behält man das Bild von Atom und
Ion als Kugel bei, dann ist deren Radius keine konstante Größe, sondern eine von der Bindungsart abhängige Variable. Stärkste Bindung
zieht den kleinsten Radius nach sich.

Kovalente Bindung

Bei ihr gehören ein oder mehrere Elektronen gleich- oder verschiedenartigen Atomen gemeinsam an, wodurch eine sehr feste, starre, gerichtete Bindung zustande kommt. Jedes dieser bindenden Elektronen
muß zwei Atomen zugerechnet werden. Jedes Atom hat die Tendenz,
seine äußere Schale auf eine Elektronenzahl aufzufüllen, wie sie der
Edelgaskonfiguration entspricht. Wenn von beispielsweise zwei Wasser-
stoffatomen jedes sein einziges Elektron für die Bindung zur Verfügung
stellt, werden beide Atomkerne in die gemeinsame Elektronenwolke
eingehüllt, die — wie beim Heliumatom — aus zwei Elektronen besteht.

Ein stark vereinfachendes Bild über die kovalente Bindung ist
dieses: Wenn ein Elektron einen Kern in elliptischer Bahn umkreist,
ist es so, wie wenn dieser Kern eine Stromschleife mit Vorzugsrichtung
in seine Umgebung ausstrecken würde. Das auf dieser Schleife um-

laufende Elektron hat einen Spin (Eigenrotation) und ist jederzeit versucht, sich mit einem Elektron mit entgegengesetztem Spin zu paaren. Wenn jetzt ein Elektron mit dem gefragten Spin auf einer gleichartigen Schleife eines anderen Atoms in die Nähe kommt, werden die zwei Elektronen streckenweise ihre Bahn gemeinsam ziehen und eine gewisse Ausrichtung der Schleifen, also eine gerichtete Bindung, erzwingen. Die ganze Strecke allerdings können die beiden Elektronen nicht zusammenbleiben. Jedes von ihnen muß auf dem Rest der Bahn einen Kern umlaufen. Sicher ist dies für ein bestimmtes Elektron einmal der eine und einmal der andere. So sind beide Kerne in eine Elektronenwolke eingehüllt. Die mittlere Elektronendichte auf der Verbindung von Kern zu Kern ist weit höher, als dies bei der Ionenbindung der Fall ist[12].

Wenn ungleichartige Atome eine Bindung eingehen, können sich deren Affinitäten zu Außenelektronen stark unterscheiden; die Bindung wird zeitweilig Ionencharakter annehmen. Reine kovalente Bindung ist somit nur bei gleichartigen Atomen zu erwarten. In der Tat liegt sie z.B. bei Diamant vor. Aus der bei ihm gemessenen extrem hohen Bindungsenergie kann man entnehmen, daß die kovalente Bindung die stärkste ist.

Van der Waalsche Bindung

Wenn sich z.B. zwei Atome oder auch zwei Moleküle einander nähern, wirkt der Kern des einen anziehend auf die Elektronen des anderen. Es tritt eine Polarisation und schwache Bindung ein. Sie tritt zusätzlich bei allen anderen Bindungsarten, aber auch für sich allein auf.

Tabelle 3. Atom- und Ionenradien in 10^{-10} m

Atom-Nr.	Element	Bindungsart				Atom-Nr.	Element	Bindungsart			
		metallisch	kovalent	van der Waals	Ion			metallisch	kovalent	van der Waals	Ion
4	Be^{2+}				0,31	29	Cu	1,28			
6	C		0,772	1,7—1,85			Cu^+				0,96
8	O		0,74	1,4—1,8		42	Mo	1,40			
	O^{2-}				1,40	47	Ag	1,44			
13	Al^{3+}				0,50		Ag^+				1,26
14	Si		1,17			56	Ba	2,25			
	Si^{4+}				0,41		Ba^{2+}				1,35
26	Fe	1,27				73	Ta	1,46			
27	Co	1,26				74	W	1,41			
28	Ni	1,24				75	Re	1,37			
	Ni^{2+}				0,69	76	Os	1,34			
						78	Pt	1,38			
						90	Th	1,79			

Radius des Heliumatoms: $0,93 \cdot 10^{-10}$ m

---

[12] Vgl. z.B. die Bilder [1.2, S. 58 u. S. 71].

Heftige Bewegungen, etwa durch Wärme verursacht, führen schon bald dazu, daß sich Nachbarn voneinander losreißen. Die Atomradien bei dieser Bindung sind verhältnismäßig groß und hängen außerdem stark von den Bindungspartnern ab.

Da man immer wieder Atom- und Ionenradien in die Betrachtung mit einbeziehen muß, sind diese in Tabelle 3 für die hier besonders interessierenden Stoffe zusammengestellt. Allerdings können dafür nicht sämtliche Nebenbedingungen, die die Werte in Feinheiten noch beeinflussen, berücksichtigt werden. So ist z.B. die metallische Bindung für die Koordinationszahl 12, die kovalente für die Einfachbindung, angegeben. Bei entscheidenden Überlegungen sollte immer auch die experimentell ermittelte Gitterkonstante zu Rate gezogen werden.

1.3. Verknüpfungen mit strukturellen Fragen

1.3.1. Haftvalenzen

Die Darstellung der Bindungen von Diamant (Bild 12) zeigt, daß die an Außenflächen sitzenden Atome freie Valenzen haben. Wie sich diese betätigen, oder was grundsätzlich auch andere Stoffe mit derartigen

```
     |     |     |     |
  -  C  -  C  -  C  -  C  -
     |     |     |     |
  -  C  -  C  -  C  -  C  -
     |     |     |     |
  -  C  -  C  -  C  -  C  -
     |     |     |     |
  -  C  -  C  -  C  -  C  -     Bild 12. Die Kohlenstoffbindung im Diamant.
     |     |     |     |
```

Valenzen beginnen, ist schon längere Zeit Gegenstand von Überlegungen, beispielsweise bei einem Verfahren, das unter dem Begriff „Poli Optique" bekannt geworden ist. Sein Ziel war es, vakuumdichte Glas–Glas-Verbindungen dadurch herzustellen, daß mit optischer Genauigkeit geschliffene und polierte Glasflächen in so engen Kontakt miteinander gebracht werden, daß bei genügender Temperatur die freien Valenzen wirksam werden und eine innige Verbindung eintritt.

Im einzelnen spielten dabei folgende Gedankengänge eine Rolle [1.10]: An der Oberfläche eines festen Körpers hört die Symmetrie der Kräfte auf, die die Ionen aufeinander ausüben. Die Valenzen der Randatome werden entweder durch anomale Anordnung im Körper selbst oder durch Einfangen von Korpuskeln aus der Umgebung abgesättigt. Bei Metallen z.B. werden sie im allgemeinen durch Anlagerung von Sauerstoffionen aus der Atmosphäre vervollständigt.

Wenn sich jetzt zwei — nicht unbedingt identische — Stoffe eng berühren, streben die Atome auch an den Berührungsflächen wieder eine Ordnung an, die die innere Ordnung gewissermaßen fortsetzt. Dies kann nur gelingen, wenn die bis dahin an den berührenden Oberflächen vorhandenen Anomalien aufgebrochen werden und eine ausreichende chemische Affinität zueinander frei wird. Dieses Aufbrechen kann z. B. mechanisch-thermisch geschehen, indem bei Metallen „unverdorbene" Atomlagen durch hohen Druck bei hohen Temperaturen in Berührung gebracht werden, wodurch das Oberflächengleichgewicht abgeändert wird.

Durch die erhöhte thermische Bewegung kann dann der zur Regeneration notwendige Schwellenwert überschritten werden. Mit Hilfe solcher Prozesse werden Sintermetalle hergestellt. Auch wird dadurch die vakuumdichte Sinterung von Oxidkeramik weit unterhalb des Schmelzpunktes möglich oder zumindest eingeleitet. Die dazu mindestens aufzuwendenden Temperaturen [1.27] liegen bei Metallgittern beim 0,33-fachen Wert der Kelvintemperatur des Schmelzpunktes, beim Ionengitter beim 0,57-fachen und z. B. bei Graphit beim 0,75-fachen.

Die Absicht, mit Hilfe freizusetzender Valenzen auch bestimmte Glassorten vakuumdicht zusammenzufügen, erfordert zusätzliche Maßnahmen. Glas ist ein spröder Körper, und eine plastische Verformung ist nur in sehr geringem Maße in der Nähe des Transformationspunktes (Abschnitt 1.3.2.) möglich, wenn es seine äußeren Abmessungen nicht verändern soll. Deswegen müssen zusammenzufügende Flächen genauestens aufeinanderpassen und überdies eine Güte der Oberfläche aufweisen, wie sie nur bei Gläsern für optische Zwecke vorhanden ist. In diesen harten Anforderungen dürfte es begründet sein, daß sich das Verfahren nicht sehr ausgebreitet hat. Die Voraussetzungen jedoch, z. B. die druckfeste Keramik auf solche Art mit Metall zu verbinden, erscheinen günstiger.

In der Tat sind solche Möglichkeiten bekannt geworden. Z. B. wird über Diamant-Metall-Verbindungen berichtet [1.24]. Auch bei den hohen Kosten selbst für kleine Diamantplättchen wird dieses Material z. B. als Träger für integrierte Schaltungen (Substrat) für möglich gehalten, weil Diamant die Wärme noch besser leitet als der sonst in dieser Hinsicht beste bekannte Isolator, BeO, und hierin sogar noch Kupfer übertrifft. Man bringt durch Druck z. B. eine Kupfer–Zirkon-Legierung in satten Kontakt mit der Diamantoberfläche und erhitzt auf 1000 °C im Hochvakuum. Als Zirkonanteil in dieser Legierung genügen schon 0,1 Atom-%, um nach dieser Behandlung eine festhaftende Verbindung mit höchster Zugfestigkeit zu erreichen. Bei

Beanspruchung zerreißt eher das Metall oder der Diamant als die Verbindungsstelle[13].

Bei diesem Vorgang haben erhöhte Temperatur und das für eine saubere Oberfläche günstige Hochvakuum im zulegierten Zirkon Valenzen frei gemacht, die sich mit den ebenfalls frei gewordenen Kohlenstoffvalenzen fest verbunden haben, da die Affinität von Zirkon zu Kohle sehr groß ist. Kupfer allein hätte keine selbsthaftende Verbindung ergeben, dagegen wären auch mit Chrom oder Titan als Zusatz Möglichkeiten gegeben; eine Gold–Chrom-Legierung z.B. zeigt gute Werte.

Ähnliche Verfahren wurden auch schon zur Verbindung von Metall mit Oxidkeramiken erprobt [1.16, 1.25]. Zusätze z.B. von Beryllium, Lithium oder Zirkon schaffen hier Brücken zum Sauerstoff der Keramik, die zur Selbsthaftung mit Festigkeiten von 100 N/mm² führen. Möglicherweise sind diese Verbindungen auch vakuumdicht.

Daß solche Haftvalenzen vorhanden sind, wirkt sich oft nachteilig aus. Es wurde schon davon gesprochen, daß sie auftreffende Radikale binden. Eine Oberfläche bleibt somit bei normaler Lagerung nie einwandfrei sauber: Metalle oxydieren, und bei Isolatoren entstehen Wasserhäute, die den Oberflächenwiderstand herabsetzen. Bei Glas veranlassen die Haftvalenzen nur die ersten Anlagerungen, während dann durch weitere Wasseraufnahme und chemische Reaktion eine Quellschicht entsteht, die den Widerstand an der Oberfläche stark verkleinert. Bei einer relativen Feuchtigkeit von 70% sinkt er beispielsweise bei unbehandelter Oberfläche eines Borsilikatglases von $R_{s\square}$ = $10^{15}\,\Omega$ auf weniger als $R_{s\square}$ = $10^{12}\,\Omega$ ab[14]. Für Oxidkeramik findet man keine Angaben. Vermutlich sind die Widerstandsänderungen infolge der nur durch Haftvalenzen und nicht wie bei Glas durch weitergehende chemische Reaktionen veränderten Oberflächen nur über Umwege meßbar.

---

[13] Eine solche Beurteilung mag hier am Platze sein. Nicht bei jeder Verbindungsart von z.B. Metall und Keramik jedoch gibt derartiges Verhalten ausreichenden Aufschluß.

[14] Das Zeichen $\square$ bedarf einer Erläuterung: Der Widerstand einer dünnen, gleichmäßigen Schicht eines Leiters des spezifischen Widerstandes ϱ, der Dicke d, Breite b und Länge l ist $R = (\varrho/d)\,(l/b)$. Mißt man an einem Quadrat dieser Schicht, macht man also $l = b$, dann ist der „Schichtwiderstand" $R_{s\square} = \varrho/d$ unabhängig von der Größe dieses Quadrates. Das Zeichen $\square$ zeigt also lediglich an, daß an einem Quadrat gemessen werden muß. Aus $R_{s\square}$ erhält man bei bekanntem d den spezifischen Widerstand zu $\varrho = R_{s\square}\,d$. Mißt man an einem Streifen, dann ist nur festzustellen, wieviele Quadrate parallel oder hintereinandergeschaltet sind. Der gemessene Widerstand ist dann mit dieser Zahl der Quadrate zu multiplizieren oder zu dividieren, um $R_{s\square}$ zu erhalten.

1.3.2. Struktur, Leitfähigkeit und dielektrisches Verhalten

Sowohl bei Glas als auch bei Keramik ist der strukturelle Aufbau an das Vorhandensein von Ionen gebunden. Während jedoch im Kristall die Bindung sehr fest ist und deutliche Vorstellungen darüber bestehen, läßt das amorphe Glas zusätzliches und vermutlich auch ausgeprägteres Verhalten erwarten. Zunächst soll es beim Übergang aus der Schmelze zum festen Körper näher betrachtet werden.

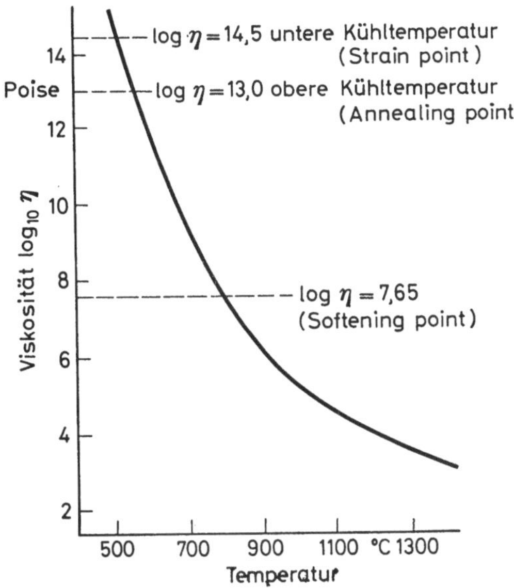

Bild 13. Zähigkeit-Temperatur-Kurve von Glas mit besonders gekennzeichneten Werten.

Zähigkeit des Glases

Wer Glas verarbeitet, wird dabei kaum dessen Zähigkeit messen. Doch wird aus der Abhängigkeit der Zähigkeit von der Temperatur eine Reihe wichtiger Begriffe abgeleitet. Sie sind in den Katalogen der Glashersteller verzeichnet.

Beginnen wir mit der Viskositätskurve (Bild 13). Aufgetragen wird die Viskosität in 0,1 Pa s (1 Poise)[15] in der Form $\log \eta = f(T)$. Bis 10^3 Pa s (10^4 Poise) bezeichnet man den Zustand des Glases als flüssig;

---

[15] Hier stoßen wir auf die dritte Einheit, die ab 1978 nicht mehr zugelassen ist. Sie wird aber noch in den heute gültigen Normblättern, z.B. DIN 52324, verwendet. Das Poise ist die Einheit der dynamischen Viskosität, die als Krafteinheit mal Zeiteinheit geteilt durch Flächeneinheit definiert ist. Im Internationalen Einheitensystem gilt $1 \, kg \cdot m/s^2 \cdot s/m^2 = 1$ Pa s. Die Einheit Poise basiert auf dem CGS-System und ist gleich $1 \, dyn \, s/cm^2$. Daraus ergibt sich 1 Poise = 0,1 Pa s.

zwischen 10^4 Poise und 10^8 Poise ist er zähflüssig, von 10^8 Poise bis 10^{13} Poise plastisch, und bei Werten von mehr als 10^{13} Poise elastisch-spröde

Bestimmte Werte der Zähigkeit sind mit Namen belegt. So wird in USA die Zähigkeit, bei der ein Glasstab von 0,55 mm bis 0,75 mm Durchmesser und 23,5 cm Länge bei bestimmter Erwärmungsart unter seinem eigenen Gewicht mit einer Geschwindigkeit von 1 mm/min absinkt, als Erweichungspunkt (softening point) bezeichnet. Bei einer Dichte von 2,5 g/cm³ des Glases entspricht dies einer Viskosität von $10^{7,6}$ Poise.

Nach niedrigeren Temperaturen hin wird das Glas zäher und zäher. Schließlich erreicht es einen Grad von Zähigkeit, bei der keine Formänderung mehr zu befürchten ist, wo sich jedoch innere Spannungen noch ausgleichen. Bei 10^{13} Poise findet dieser Ausgleich in ca. 15 min statt. Auch wenn sich in einem fertigen Glasgefäß noch mechanische Spannungen zeigen, weil es unvollkommen „getempert" ist, bringt man es am zweckmäßigsten wieder auf die dieser Zähigkeit entsprechende Temperatur. Man nennt sie die obere Kühltemperatur (annealing point). Bei weiterer Temperaturabsenkung dauert die Umordnung, die zum Ausgleich von Spannungen führt, zunehmend länger. Den Punkt, bei dem sie 15 h dauert und über den hinaus sie kaum noch vor sich geht, heißt untere Kühltemperatur (strain point). Die Zähigkeit ist hier $10^{14,5}$ Poise.

Bei etwa 10^4 Poise kann eine Formgebung erfolgen.

Zwischen 10^{13} Poise (Grenze gegen den plastischen Zustand), und $10^{14,5}$ Poise (Grenze gegen den elastischen Zustand) ändert sich die Ausdehnung stark. Man nennt diesen Abschnitt (Bild 14) auch Trans-

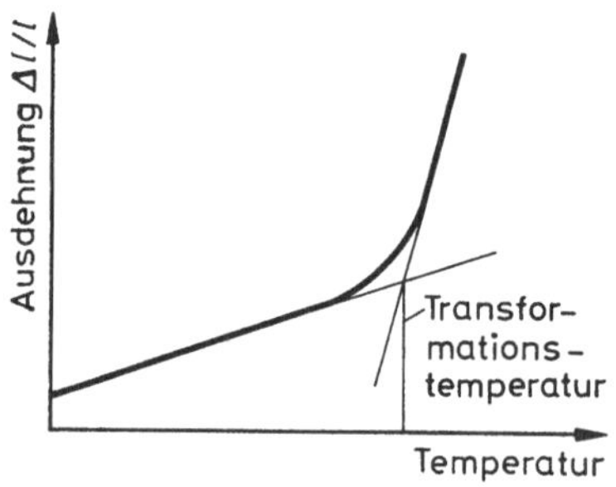

Bild 14. Definition der Transformationstemperatur.

formationsbereich und definiert in ihm nach DIN 52324 eine Transformationstemperatur. Aus dem Zusammenhang mit der Zähigkeit ergibt sich, daß dieser Temperatur eine wesentliche Aussage für die Verarbeitung von Glas zukommt und sie vereinfachend an die Stelle der andern Zähigkeitsdefinitionen treten kann.

Elektrische Leitfähigkeit des Glases

Aus der Struktur das Glases erwartet man, daß es ein Ionenleiter ist. Der Widerstand wird damit mit wachsender Temperatur fallen; er tut dies in der Tat zwischen 20 °C und 200 °C um den Faktor 10^{-6}. Aus thermodynamischen Betrachtungen wurde das in der Zwischenzeit bewährte Gesetz für die Temperaturabhängigkeit des spezifischen Widerstandes abgeleitet [1.20]. Es lautet

$$\log \varrho = A/T + B$$

und ist in Bild 15 dargestellt[16].

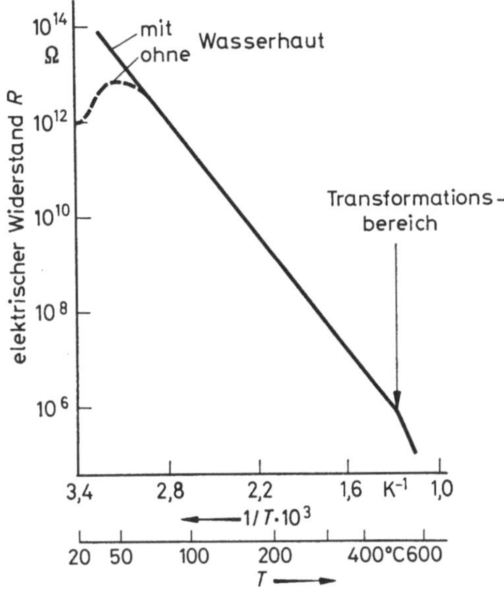

Bild 15. Temperaturabhängigkeit des elektrischen Widerstandes von Glas $R = f(1/T)$.

Die Konstanten A und B findet man für bestimmte Gläser für ihren regulären Verhaltensbereich angegeben. Als speziellen Punkt stellt man die T_{K100}-Temperaturen heraus; bei ihr ist der spezifische Widerstand 100 MΩ. In anderen Fällen sind die Widerstände selbst — für 25 °C, 250 °C und 350 °C — angegeben. Die spezifischen Volumenwiderstände ohne Wasserhaut liegen bei Zimmertemperatur sehr hoch, sinken aber nach höheren Temperaturen rasch ab (Tab. 4).

Vergleich Glas — Keramik

Der kristalline Körper Keramik läßt grundsätzlich anderes Verhalten erwarten. Erstens hat er keinen ausgeprägten Erweichungsbereich,

---

[16] Aus der Druckschrift „Physikalische und chemische Eigenschaften technischer Gläser" der Firma Jenaer Glaswerk Schott & Gen., Mainz.

sondern eine bestimmte Schmelztemperatur, und zweitens liegt die elektrische Leitfähigkeit bei der vorliegenden festen Bindung wesentlich niedriger und ist temperaturunabhängiger. Da die Schmelztemperatur um 2000 °C und höher liegt, ist ihr Abstand zu normalen Betriebs- und Verarbeitungstemperaturen genügend groß. Die Ausdehnung zeigt einen weitgehend linearen Verlauf, zumindest bei reinen Produkten.

Sinterkeramik kristallisiert entsprechend ihrem Namen nicht aus einer Schmelze, sondern sie wird durch Zusammensintern von einzelnen Körnern erzeugt.

Ein solcher Sinterprozeß setzt in geringem Maße erneut ein, wenn man wieder Temperaturen anwendet, die der Sintertemperatur nahekommen. Teile, die bereits eine exakte Formgebung erhalten haben, können sich dann verziehen. Aus diesem Grunde ist beim Arbeiten an solchen Teilen ein „Sicherheitsabstand" von der Herstellungstemperatur anzustreben. Da jedoch die Geschwindigkeit, mit der solche Vorgänge ablaufen, sich bei abfallender Temperatur sehr stark verlangsamen, ist die Gefahr nicht allzu groß.

Auch die elektrische Leitfähigkeit bereitet verständlicherweise viel weniger Kummer. Doch kann auch hier bei höherer Temperatur, vor allem bei Beschuß mit energiereicher Strahlung, eine geringe Störung durch erhöhte Leitfähigkeit auftreten. Wegen dieses Temperatureinflusses geht man z.B. bei Verwendung von Al_3O_3 als Heizerisolationsmaterial nur ungern über 1300 °C.

Dielektrische Eigenschaften

Neben der Dielektrizitätskonstanten, die für die Größe von auftretenden oder zu erzeugenden Kapazitäten maßgeblich ist, interessieren hier vor allem die meist unerwünschten Wechselstromverluste. Sie kommen dadurch zustande, daß in elektrischen Wechselfeldern Ladungen hin und her bewegt werden und diese Bewegung dem Feld Energie entzieht, die im „Dielektrikum" u. a. in Wärme umgesetzt wird. In jedem Körper sind solche beweglichen Ladungen vorhanden. Mit den Elektronen der inneren Schalen eines Atoms treten Röntgenstrahlen in Wechselwirkung, mit denen der äußeren Schalen das energieärmere ultraviolette und sichtbare Licht, mit Molekülen das ultrarote.

Entsprechend dem Zusammenhang von Schwingungsdauer T, Masse m und Rückstellkraft F, $T = 2\,\pi\,\sqrt{m/F}$, wird bei kleiner Rückstellkraft die Schwingungsdauer immer größer. Man kommt schließlich in den Bereich der kurzen und langen elektrischen Wellen. Es ist somit eine Abhängigkeit der dielektrischen Verluste von der Wellenlänge zu erwarten. Sie können in diskreten oder sich weit erstreckenden Bereichen bemerkbar werden, je nachdem, welche Stoffe ansprechen.

Unsere Betrachtungen sollen denjenigen Anwendungen gelten, bei denen mit makroskopischen, konzentrierten oder verteilten elektrischen Schwingkreisen gearbeitet wird.

Am einfachsten kann man die Verhältnisse beim verlustbehafteten Plattenkondensator überblicken. Er kann durch die Parallelschaltung eines Kondensators ohne jeden Verlust und eines ohmschen Wider-

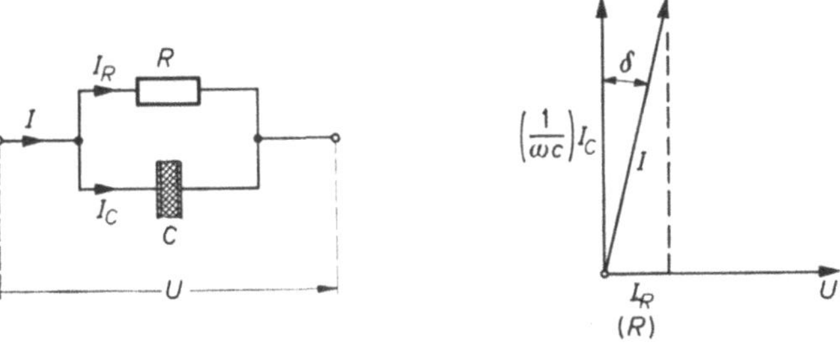

Bild 16. Definition dielektrischer Verluste.

standes ersatzweise dargestellt werden (Bild 16). Bei einer angelegten Spannung U fließt in dem Widerstand R ein zur Spannung gleichphasiger Strom I_R (alles Effektivwerte). Die Verlustleistung P (Wirkleistung) im Widerstand R wird

$$P = I_R U .$$

Sie muß nun, um einen Kondensator zu charakterisieren, bei der entsprechenden Frequenz zu dessen Blindleistung in Beziehung gesetzt werden. Nur so besteht über die Gesamtfunktion des Kondensators Eindeutigkeit. Die Verknüpfung wird durch den Winkel δ hergestellt. Man nennt ihn Verlustwinkel.

Der im Kondensator fließende Strom I_C eilt gegen U um 90° vor; die vektorielle Zusammensetzung von I_R und I_C ergibt den Gesamtstrom I. Zunächst ist

$$I_R = I \sin \delta; \quad I = I_C/\cos \delta = U\omega C/\cos \delta$$

und damit

$$I_R = U\omega C \tan \delta .$$

Setzt man dies in $P = I_R U$ ein, dann wird

$$P = U^2 \omega C \tan \delta .$$

Auch dieser Zusammenhang kann noch weiter aufgespalten werden. Die Größe der Kapazität C nämlich ergibt sich aus den Werten eines Formfaktors und denen des eingebrachten Dielektrikums. Es ist

$$C = \varepsilon \varepsilon_0 A /d .$$

Dabei ist A die Fläche einer Kondensatorplatte, d der Abstand der zwei gleichbemessenen Platten und in allen Fällen $\varepsilon_0 = 0{,}0886$ pF/cm.

Tabelle 4. Vergleich von elektrischen Eigenschaften charakteristischer Gläser mit denen von Aluminiumoxid verschiedenen Reinheitsgrades

Material	Spezifischer Widerstand in Ω cm bei								ε	$\tan \delta \cdot 10^4$
	25 °C	250 °C	300 °C	350 °C	500 °C	600 °C	700 °C	900 °C	bei 25 °C und 1 MHz	
Gläser										
Borosilikat für Fe–Ni–Co-Leg. und Mo	10^{17}	$1,6 \cdot 10^9$		$2,5 \cdot 10^7$					5,1	26
ebenso, andere Sorte	10^{17}	$4,8 \cdot 10^9$		$6,3 \cdot 10^7$					4,4	18
Borosilikat für W	$\cdot 10^{16}$	$6,3 \cdot 10^8$		$1,6 \cdot 10^7$					4,7	27
ebenso, jedoch stark bleihaltig	10^{17}	10^{12}		$5 \cdot 10^8$					5,5	79
Bleiglas	10^{17}	$7,9 \cdot 10^8$		$2 \cdot 10^7$					5,8	
ebenso, jedoch erhöhter Bleigehalt	10^{17}	$6,3 \cdot 10^{11}$		$5 \cdot 10^9$					9,5	8
gewöhnliches Natron-Kalkglas zum Vergleich		$3,2 \cdot 10^6$		$1,6 \cdot 10^5$						
Keramik (Al$_2$O$_3$)										
95% rein	10^{14}		$4,0 \cdot 10^{13}$			$2,4 \cdot 10^{10}$		$1,7 \cdot 10^7$		
94% rein	10^{14}		$9,0 \cdot 10^{11}$		$2,5 \cdot 10^9$		$5,0 \cdot 10^7$			
99,5% rein	10^{14}		$2,0 \cdot 10^{11}$			$6,0 \cdot 10^8$		$2,5 \cdot 10^6$		
99,0% rein	10^{14}		$1,0 \cdot 10^{13}$		$6,3 \cdot 10^{10}$		$5,0 \cdot 10^8$		9,3	15
$\geqq$ 99,85% rein	10^{14}		$7,0 \cdot 10^{11}$			$1,2 \cdot 10^{10}$		$1,6 \cdot 10^8$		

ε ist ein reiner Zahlenwert, der das Material charakterisiert. Somit wird

$$P = U^2 \omega \varepsilon_0 (A/d)\ \varepsilon \tan \delta \ .$$

Nur wenn ε von Probe zu Probe konstant ist oder bei allen in Frage kommenden Frequenzen denselben Wert hat wie bei der Frequenz, bei der C einmal gemessen wurde, genügt die Angabe von $\tan \delta$. Im andern Fall ist das Produkt $\varepsilon \tan \delta$ zugrundezulegen; man nennt es Verlustfaktor. Das dem reinen C parallel geschaltete R ergibt sich aus $P = U^2/R$ zu

$$R = \frac{1}{\omega \varepsilon_0\ (A/d)\ \varepsilon \tan \delta} \ .$$

Ein Beispiel: Wir nehmen als Dielektrikum einen Isolator der Abmessungen 5 cm $\times$ 5 cm mit einer Höhe von 0,5 cm, an dessen beide Flächen von je 25 cm² unmittelbar die Kondensatorplatten anliegen. Es sei $\varepsilon = 8$, $\tan \delta = 3 \cdot 10^{-4}$ und $\omega = 2\pi \cdot 10^8$ Hz. Damit wird

$$R = \frac{1}{\dfrac{2 \cdot \pi \cdot 10^8}{s} \cdot 0{,}0886\ \dfrac{pF}{cm} \cdot 50\ cm \cdot 8 \cdot 3 \cdot 10^{-4}} = 1{,}5 \cdot 10^5\ \Omega \ .$$

Um auf den Wert zu kommen, den ein Schichtwiderstand haben müßte, um ein solches R zu erzeugen, müssen wir uns dieses (Bild 17) über die

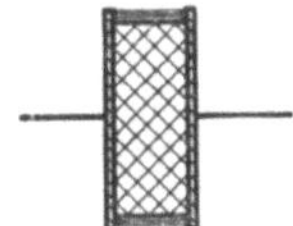

Bild 17. Schichtwiderstand auf der Keramikoberfläche.

ganze nicht von den Metallplatten bedeckte Oberfläche, also eine Fläche von 20 cm $\times$ 0,5 cm = 10 cm² erstreckt denken. Dies ergibt 10 cm²/0,25 cm² = 40 Quadrate von 0,5 cm $\times$ 0,5 cm, die parallel geschaltet sind, so daß $R_{s\square} = R \cdot 40 = 6 \cdot 10^6\ \Omega$ ist. Brächte man an derselben Fläche einen weiteren Widerstand an, so würde dessen Vorhandensein kaum ins Gewicht fallen, wenn sein Schichtwiderstand z.B. $R_{s\square} = 10^9\ \Omega$ betrüge.

Bei anderen Frequenzen ergeben sich andere Werte, z. B. wird für 10^6 Hz beim gleichen Kondensator $R' = (10^8/10^6)\ R = 1{,}5 \cdot 10^7\ \Omega$ und $R_{s\square} = 0{,}6 \cdot 10^9\ \Omega$, so daß hier ein zusätzlicher Schichtwiderstand von $10^9\ \Omega$ schon merkbar eininge. Bei 10^3 Hz gar wird $R'' = (10^8/10^3)\ R = 1{,}5 \cdot 10^{10}\ \Omega$. Bei derartig niedrigen Frequenzen wird somit die Messung außerordentlich kritisch, wenn ungewollte zusätzliche, kaum wahrnehmbare Verschmutzungen oder Feuchtigkeit an der Oberfläche als echter ohmscher Widerstand vorhanden sind.

Dies mag eine Erklärung für die sonst unverständlichen $\tan \delta$-Werte sein, die man bei einer derartigen Meßfrequenz zuweilen vermerkt findet. Solche Werte sind für die innerhalb der Keramik stattfindenden Verluste kein Maßstab, wie überhaupt ε und tan δ oder auch das Produkt von beiden nicht die wirklichen Verluste aufzeigen. tan δ ist nur eine Verhältniszahl, die ωC und R zueinander in Beziehung bringt, und nur eine der Größen, von denen P abhängt. Bei konstantem ε tan δ z.B. stiege P mit der Frequenz linear an, und R nähme laufend ab.

Nun soll das elektrische und dielektrische Verhalten von Glas und Keramik betrachtet werden. Zunächst ist in Tabelle 4 ein Vergleich zwischen Glas und Al_2O_3 durchgeführt. Die angeführten Gläser von zwei verschiedenen Herstellern zeigen bezüglich ihrer Leitfähigkeit übereinstimmende Werte. Bei Messung unter Zimmertemperatur sind Oberflächenwiderstände durch Wasserhäute ausgeschaltet. Der Widerstand ist in diesem Fall um rund drei Zehnerpotenzen höher als der von Keramik. Nach höheren Temperaturen hin nimmt er sehr schnell ab. Schon bei 250 °C ist er bei den meisten Gläsern kleiner als bei Keramik, die eine Temperatur von etwa 600 °C hat. Nur die stark Bleioxid enthaltenden Gläser machen eine deutliche Ausnahme. Sie sind somit besonders gut geeignet, wenn es gilt, die gefährliche Erscheinung der Elektrolyse [1.11] im Zwischenraum benachbarter und verschiedene Spannung führender eingeschmolzener Elektroden zu vermeiden.

Auch für die Leitfähigkeitswerte von Al_2O_3 sind die Katalogwerte von zwei bekannten Herstellern herangezogen. Deutlich ist der Gang zu kleineren Widerstandswerten bei erhöhter Temperatur. Aber eine stetige Erhöhung in Abhängigkeit vom Reinheitsgrad ist nicht erkennbar.

Auch bezüglich des Produktes ε tan δ ist der angeführte Wert für Keramik nicht sehr viel besser. Allerdings bezieht er sich auf die für Glas sehr günstige niedrige Temperatur und auf eine mäßig hohe Frequenz, die beide in der Praxis untergeordnete Bedeutung haben. Nach höheren Temperaturen und bei anderer Frequenz werden die Unterschiede sehr deutlich [1.15].

In Tabelle 5 ist eine Vielzahl von Werten für verschiedene Keramiksorten angeführt. Die Dielektrizitätskonstante schwankt beruhigend wenig, aber beim Verlustwinkel ist auch hier eine eindeutige Aussage über Abhängigkeiten kaum herauszulesen. Die Ursache dürfte mit der Reinheit des Materials zusammenhängen. „Al_2O_3 mit 99,5% Reinheitsgrad" ist keine ausreichende Charakterisierung. Eine andere Sorte mit derselben Kennzeichnung kann sich völlig anders verhalten; es sind zehn-, ja zwanzigmal so hohe Werte möglich. Es kommt eben auf die restlichen Bestandteile[17] oder — genau ausgedrückt — darauf an, welche Bestandteile nach dem Brennen noch vorhanden sind.

---

[17] Gefährlich ist z.B. die Verbindung $Na_2O \cdot 11\ Al_2O_3$, die selbst in Spuren die Werte entscheidend verschlechtert.

Tabelle 5. Reinheitsgrad und dielektrische Werte von Oxidkeramik

Material	Al_2O_3, 95%			Al_2O_3, 94%		Al_2O_3, 99,5%			Al_2O_3, 99%		Al_2O_3, 99,85%	BeO, 98%
Temperatur	25 °C	300 °C	500 °C	25 °C	500 °C	25 °C	300 °C	500 °C	25 °C	500 °C	200 °C	25 °C
ε bei:												
10^3 Hz				8,9	11,76				9,3	11,25		
$10 \cdot 10^6$ Hz	9,39	9,90	10,12			9,58	9,92	10,20				
$100 \cdot 10^6$ Hz				8,93	9,4				9,3	9,88		6,6
10^9 Hz	9,0					9,30						
$8,5 \cdot 10^9$ Hz	9,04	9,34	9,55	8,75	9,05	9,37	9,61	9,82	9,3	9,88	7,07	
$\tan \delta \cdot 10^4$ bei:												
10^3 Hz				2	2150				42	1400		
10^6 Hz				8	80				15	52		
$10 \cdot 10^6$ Hz	1,3	2,4	15,2			0,3	3,5	21,1				
$100 \cdot 10^6$ Hz				5					1	1,7		6
10^9 Hz	5,1					1,4						
$8,5 \cdot 10^9$ Hz	7,7	8,0	10,0	10		0,9	1,4	2,5		2,0	1,1	

Dieses ist ein Hinweis dafür, daß das Endergebnis nicht nur von den eventuell in der Zusammensetzung schwankenden Ausgangsmaterialien, sondern auch von Masse und Form des Teils abhängen kann, daß also Messungen an Probekörpern selbst aus gleichem Material und Brand zu völlig unterschiedlichen Ergebnissen führen können. Für Richtwerte gibt jedoch Tabelle 5 einen guten Anhalt.

Es wird in kritischen Fällen nicht zu umgehen sein, Maximalwerte mit entsprechender Kontrolle mit dem Lieferanten festzulegen.

Erst wenn der Reinheitsgrad so hoch geworden sein sollte, wie er heute an manchen Stellen für andere Werkstoffe verlangt wird, werden die ureigenen Eigenschaften von Keramik, so wie sie sich aus der Struktur ergeben, in geschlossenem Kurvenverlauf darstellbar sein.

1.3.3. Einiges über Metalle

Bei Metallen können Atomlagen so ineinanderfließen, daß ein homogener Körper entsteht. Ein gutes Beispiel dafür ist das Abquetschen etwa eines Kupferpumpstengels [1.12], eine Art des vakuumdichten Verschließens, die bei verschlossenen transportierbaren Gefäßen nicht mehr wegzudenken ist. Man kann von einem Spezialfall einer „Kaltverschweißung" sprechen, womit das Wesentliche dieser weit gebräuchlichen Verbindungsart auch schon charakterisiert ist.

Entscheidend dafür ist die Eigenschaft der Metalle, daß ihre Atomlagen übereinander weggleiten können, und daß dies in allen möglichen Richtungen umso einfacher vor sich geht, je höher die Symmetrie im kristallinen Aufbau ist. Die im kubischen System vorliegenden Metalle sind somit besonders gut geeignet. Durch simultanes Gleiten in den verschiedensten Richtungen kann ein Stück eines solchen Metalls in eine völlig andere Form von gleichem Volumen gebracht werden, ohne daß Löcher entstehen.

Beim Fließpressen von Kupfer z.B. erfordert dies außer einem ausreichend hohen Druck keine weiteren Zusatzbedingungen. Beim Verschließen eines Pumpstengels (Bild 18) jedoch müssen Flächen ineinanderfließen, die vorher Oberfläche und damit sicher nicht vollkommen sauber waren. Die Zuverlässigkeit des Verfahrens bei richtig ausgebildeter Abquetschzange zeigt jedoch, daß geringe Verunreinigungen keine Rolle spielen. Es ist anzunehmen, daß die Oberfläche aufreißt und dann unberührte Atomreihen miteinander in Kontakt kommen. Das Verfahren ist so zuverlässig, daß die ursprünglich in Erwägung gezogene Sicherung der Abquetschstelle durch Überziehen z. B. mit einem Lack entfallen kann. Höchstens zum Schutz gegen Verletzungen wird ein solcher Überzug zuweilen auf der messerscharfen Schneide angebracht.

Nicht ganz so weit, also nicht bis zum beabsichtigten Ineinanderfließen der sich berührenden Flächen, geht man bei der Verwendung von Metallringen für demontierbare Vakuumdichtungen. Auch hierfür nimmt man bevorzugt Metalle kubisch dichter Packung (Kupfer, Gold, Aluminium). Die Kraft, mit der die äußere Atmosphäre die beiden gegeneinander abzudichtenden Teile eines Gefäßes zusammendrückt, reicht aus, um über eine schmale aufliegende Kante einen Druck zu erzeugen, der so inniges Umfließen zur Folge hat, daß Gasmoleküle

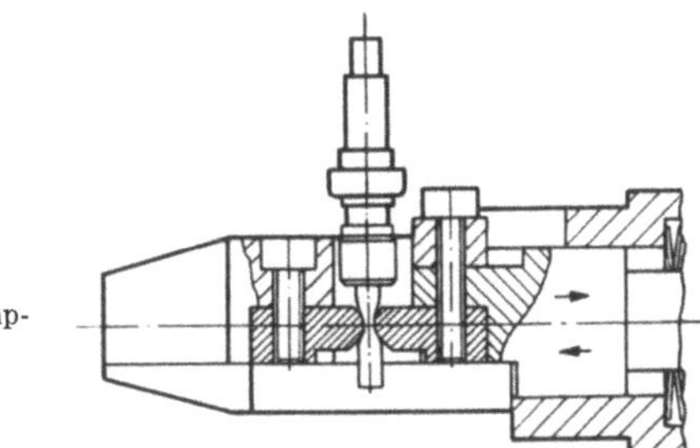

Bild 18. Verschließen eines Pumpstengels durch Abquetschen.

nicht mehr durchtreten können. Gegenüber Dichtungen aus organischem Material halten sie höhere Temperaturen aus und sind damit ausheizbar. Dies erschließt dieser Dichtungsart ein weites Anwendungsgebiet, und man braucht bei metallischen Dichtungen richtiger Wahl keine Sorge vor verdampfenden Komponenten zu haben. Bei Anwendung höherer Temperatur können die Metalle an der Berührungsfläche ineinanderdiffundieren, sie sind dann nicht ohne Ausreißen von Teilen zu trennen (Diffusionslötung).

Der eine Partner einer solchen vakuumdichten Verkoppelung muß nicht unbedingt ein Metall sein. Wenn ein Isolator die notwendige Druckfestigkeit aufweist um standzuhalten, ist die Grenzfläche zwischen ihm und dem „aufgeflossenen" Metall ebenfalls vakuumdicht. Mit den sogenannten „dielectric-to-metal compression band seals" wurden z. B. bei Hochfrequenzfenstern [1.28] dichte Metall-Keramikverbindungen erreicht.

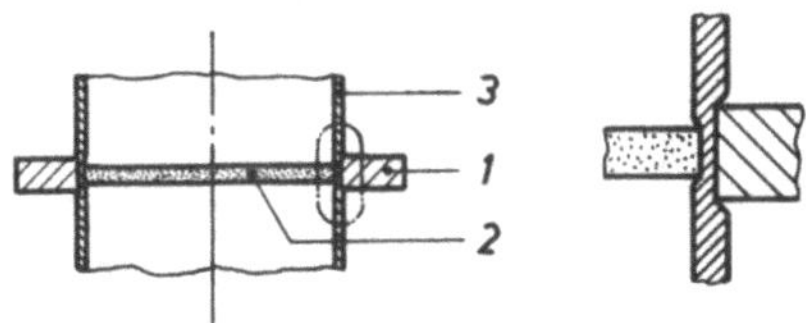

Bild 19. „Compression-band seal". *1* ist die Kompresse (beispielweise Molybdän), *2* das Dielektrikum (z.B. Keramik), *3* eine Hülse aus Kupfer (das unter hohem Druck in die feinsten Öffnungen fließt und so die Dichtung besorgt).

Das Wesen einer solchen Verbindung geht aus Bild 19 hervor. Ein Dielektrikum, z. B. Al_2O_3, ist von einer eng anliegenden Kupfermanschette umgeben, über die das „compression band" aus z. B. Molybdän aufgeschrumpft wird. Solche Dichtungen sind bis 700 °C ausheizbar, ohne daß Undichtigkeiten entstehen.

Es ist klar, daß zusätzlich zur Druckfestigkeit der Keramik auch ihre Ausdehnung und die des pressenden Metalls zu beachten sind. Auch für weitere Sorten von Keramik können passende Kombinationen gefunden werden; man ist nicht auf die Verwendung von Aluminiumoxid angewiesen. Als Minimum des Drucks für zuverlässige Dichtung werden 25000 bis 35000 pounds per square inch, das sind im Mittel 204 N/mm², angegeben.

Eine andere Auswirkung der Nichtselektivität der metallischen Bindung ist, daß es den Metallatomen nicht „darauf ankommt", welche anderen Metallatome eine Bindung mit ihnen eingehen. Es muß nur gelingen, diese anderen Atome ohne störende Zwischenlage mit den Metallatomen in Kontakt zu bringen. Beim Löten z. B. muß durch einen Reinigungsprozeß an der Oberfläche der zu lötenden Teile die meist vorhandene Fremdschicht beseitigt werden.

Für das hier behandelte Arbeitsgebiet kommt nur das „Hartlöten" in Frage, ein Verfahren, das meist bei einer Temperatur von mehr als 600 °C in reduzierendem Schutzgas oder im Vakuum vorgenommen wird. Diese Art Löten ist im Grunde einfacher und zuverlässiger als die mit Weichlot, weil bei diesen Temperaturen und durch das Arbeiten in reduzierender Atmosphäre schon eine ausreichende chemische Reaktion am Metall zur „blanken" Oberfläche führt, die dann eine genügende Annäherung der Lotatome zuläßt.

Es steckt manche Willkür in der Verwendung der Begriffe Löten und Schweißen. Daß man auf der einen Seite von Diffusionslötung, auf der anderen z. B. von Ultraschallschweißung redet, ist vom Grundvorgang her schwer verständlich. In beiden Fällen werden nicht nur gleiche, sondern auch verschiedenartige Metalle miteinander verbunden. Aber wesentlich ist das Problem, Atome gegenseitig anzunähern, nicht die Definition der Begriffe.

Es sind nun noch einige mit dem kristallinen Aufbau zusammenhängende Einzelheiten anzuführen. Wie entstehen überhaupt solche Kristallite oder Körner? Man nimmt an, daß bei der Erstarrung einer Metallschmelze, zunächst aus statistischen Schwankungen heraus, kleine kugelförmige Teilchen entstehen, die als Wachstumszentren wirken. Ihre Orientierung, also die Lage der Kristallachsen, ist willkürlich. Diese Keime wachsen weiter: Jeder bildet sich zum kleinen Einkristall aus. Die weiteren Bausteine werden nach strengem Schema, wenn auch nicht ohne geringfügige Fehler angereiht. Je nach der Art des Metalls und den äußeren Bedingungen entstehen Körner von 0,1 bis 10 mm Größe.

Bei schneller Unterkühlung der Schmelze erhält man feines, bei langsamem Absenken der Temperatur in der Nähe des Erstarrungspunktes grobes Korn. Der Übergang vom flüssigen in den festen Zustand ist meist mit einer Kontraktion verbunden.

Schließlich erreichen die Körner eine solche Größe, daß sie aneinanderstoßen und dies mit den verschiedensten Orientierungen ihrer Kristallflächen. An den so entstehenden Korngrenzen bildet sich im allgemeinen eine Übergangszone mit unregelmäßiger Atomanordnung aus, die zwei bis drei Atomabstände dick ist. Die Kristallite bilden jetzt ein polykristallines Gefüge. Der anisotrope Aufbau des einzelnen Korns, d. h. die in unterschiedlichen Kristallrichtungen zum Ausdruck kommende Verschiedenheit von Eigenschaften, wird durch die Überlagerung einer Vielzahl aller möglichen Richtungen überdeckt.

Um $1\,mm^3$ eines Kristalls in Sekundenschnelle aus der Schmelze aufzubauen, sind etwa 10^{21} Atome nötig. Es ist also nicht verwunderlich, daß dabei Gitterbaufehler auftreten: Leerstellen, Fremdatome auf Normalplätzen, Zwischengitteratome, verschiedenartige Versetzungen, Stapelfehler. Von der Verteilung solcher Fehler hängt in hohem Maße die Festigkeit eines Metalles ab, und zwar ist sie gegenüber der bei einem Idealkristall vorliegenden um mehrere Größenordnungen kleiner. Daraus folgt, daß die plastische Verformung von Metallen im allgemeinen nicht durch Verschieben von Ebenen des perfekten Kristallgitters erfolgen kann, sondern daß z. B. erst Versetzungen den Atomen erlauben, aus den gleitenden Ebenen auszuscheren. Kleine, haarförmige Einkristalle, sogenannte Whiskers, haben wenige Versetzungen und daher hohe Festigkeit. Auf der anderen Seite erfordert die Verschiebung von Versetzungen große Kraft. Wenn man somit die Fehlerdichte erhöht, wird auch die Festigkeit zunehmen. Man erreicht Werte, die nur noch ein bis zwei Größenordnungen unter denen des Idealkristalls liegen.

Als einfaches Beispiel für solches Verhalten ist ein Versuch mit Kupfer beschrieben [1.17]: „Stellt man sich lange Einkristallstäbe her, so fällt zuerst die ungewöhnliche Weichheit auf. Es ist leicht, einen Stab von etwa 16 mm Durchmesser schwach zu biegen. Da er sich durch die Biegung verfestigt, muß man schon größere Kraft anwenden, um einen Halbkreis zu erreichen. Zurückbiegen ist wohl auch für einen Athleten unmöglich". Der Versuch zeigt in einfachster Weise, welche Änderungen im Gefüge irgendwelche Bearbeitungen zur Folge haben können und wie diese wiederum in die Materialeigenschaften eingehen.

Legieren und jede verformende Bearbeitung (Hämmern, Rollen, Ziehen) bewirken bei Metallen eine Härtung. Die Versetzungen — man denke nur an die Korngrenzen — sind gegenseitig verankert, so daß gewaltsames Zerren an solchen verankerten Stützflächen die Umgebung in immer größere Unordnung bringt. Es entstehen dabei u. U. auch Vorzugsrichtungen (Texturen), indem die Kristallite zueinander ausgerichtet werden und damit ihre von Natur aus vorhandene Anisotropie auch nach außen bemerkbar wird.

Vor allem bei dem wenig duktilen Wolfram hat man solche Einflüsse festgestellt [1.8, S. 188]. Der Ausdehnungskoeffizient zwischen 0 und 500 °C für einen frisch bearbeiteten Stab beträgt $49{,}8 \cdot 10^{-7} \mathrm{K}^{-1}$. Die gleiche Probe hinterher ausgeglüht ergibt nur noch einen Wert von $44{,}5 \cdot 10^{-7} \mathrm{K}^{-1}$. Solche Unterschiede können ins Gewicht fallen und müssen bei kritischen Anwendungen gegebenenfalls berücksichtigt werden.

Durch Weichglühen wird das Korn wieder verändert und die Textur gemindert; es findet eine Rekristallisation statt. Solches Weichglühen muß bei verformender Bearbeitung rechtzeitig zwischengeschaltet werden, will man verhüten, daß ein Werkstück vor dem Erreichen der endgültig gewünschten Form reißt.

Gleiches Kristallsystem und ähnlicher Atomradius (Abweichung kleiner als 15%) sind u. a. dafür maßgeblich, welche Metalle ununterbrochene Mischkristallreihen bilden können, d. h. in festem Zustand vollkommen ineinander löslich sind (etwa Cu–Ni, Ag–Au, Ag–Pd, Mo–W). Wenn man diese Voraussetzungen für den Arbeitsprozeß Löten überprüft, finden sich keine Beziehungen zwischen Mischkristallbildung und Verlötbarkeit. Der Schluß, daß ein Lötprozeß bis in tiefere Bezirke wirkt und sich oberflächlich Mischkristalle bilden, ist also nicht daraus abzuleiten.

Ein Metall behält nicht bei allen Temperaturen ein und dasselbe Kristallsystem bei. Es finden Umwandlungen statt, z. B. von kubisch in hexagonal oder von kubisch raumzentriert in kubisch flächenzentriert. Sie sind immer mit Änderungen im äußeren Verhalten — z. B. Ausdehnung oder magnetisches Verhalten — verbunden. Bei Legierungen aus Eisen, Nickel und Kobalt sind solche Änderungen sehr ausgeprägt.

An dieser Stelle sei auch auf eine Erscheinung hingewiesen, die ebenfalls mit dem Gefüge zusammenhängt und die man mit Lotbrüchigkeit bezeichnet. Sie interessiert besonders im Zusammenhang mit den an Glas und Keramik angepaßten Legierungen. Sind im Material innere und äußere Zugspannungen vorhanden, und [1.9] kommt es in diesem Zustand mit bestimmten Loten einige Zeit in Berührung, dann kann solch flüssiges Lot in große Tiefen eindringen, den

Kristallverband sprengen und zu Rissen führen. Reine Silber-Kupfer-Lote sind gefährlich, die Zugabe von Palladium ist günstig. Zuverlässigen Schutz erbringt auch eine vorherige Vernickelung der zu lötenden Teile.

1.4. Ausgewähltes Schrifttum

Lehrbücher

1.1 Borchers, H.: Metallkunde I. Sammlung Göschen Nr. 432. 7. Aufl. Berlin: Walter de Gruyter 1968.

1.2 Correns, C. W.: Einführung in die Mineralogie (Kristallographie und Petrologie) 2. Aufl. Berlin, Heidelberg, New York: Springer 1968.

1.3 Hornbogen, E.; Warlimont, H.: Metallkunde. Berlin, Heidelberg, New York: Springer 1967.

1.4 Pauling, L.: Chemie — Eine Einführung. 8. Aufl. Weinheim/Bergstraße: Verlag Chemie 1969.

1.5 Pauling, L.: Die Natur der chemischen Bindung. 3. Aufl. Weinheim/Bergstraße: Verlag Chemie 1968.

1.6 Salmang/Scholze: Die physikalischen und chemischen Grundlagen der Keramik. 5. Aufl. v. H. Scholze. Berlin, Heidelberg, New York: Springer 1968.

1.7. Smakula, A.: Einkristalle. Berlin, Göttingen, Heidelberg: Springer 1962.

Spezielle Veröffentlichungen

1.8 Agte, G.; Vacek, I.: Wolfram und Molybdän. Berlin: Akademie-Verlag 1959.

1.9 Ciriak, G.: Metall 24 (1907) 477.

1.10 Danzin, A.; Despois, E.: Annales de Radioélectricité 3 (1948), Oktober, S. 1.

1.11 Engel, F.: Vakuum-Technik 2 (1959) 1.

1.12 Engel, F.: Dt. Pat. Nr. 902053.

1.13 Fast, J. P.: Philips Techn. Rundschau 6 (1941) 369 und 7 (1942) 73.

1.14 Flörke, O. W.: Berichte der Dt. Keram. Ges. 40 (1963) 451.

1.15 Groß, F.: Nachr.-techn. Z. 3 (1956) 124.

1.16 Grünling, H. W.: Glas–Email–Keramo-Technik (1969) 391.

1.17 Haußer, K. W.; Scholz, P.: Wissenschaftl. Veröffentl. a. d. Siemens-Konzern, V, 3 (1927).

1.18 Kitaigorodski, J. J.: Technologie des Glases. Berlin: Verlag Technik u. München: R. Oldenbourg, 1957.

1.19 Norton, F. J.: J. Appl. Phys. 28 (1957) 34.

1.20 Rasch, E.; Hinrichsen F. W.: Z. f. Elektrochemie 14 (1908) 41.

1.21 Lord Rayleigh: An attempt to detect the passage of Helium through a crystal lattice of high temperatures. Proc. Royal Soc., London, A 163 (1937) 376—380.

1.22 Salmang, H.: Die physikalischen und chemischen Grundlagen der Glasfabrikation. Berlin, Göttingen, Heidelberg: Springer 1957.

1.23 Scheidler, H.: Schott Forschungsberichte. Wissenschaftlich-technische Veröffentlichungen aus dem Jenaer Glaswerk Schott & Gen., Mainz (1971 bis 1972) 337.

1.24 Schmidt-Brücken, H.; Schlapp, W.: Z. angew. Phys. 32 (1971) 307.
1.25 Schmidt-Brücken, H.; Schlapp, W.: Keram. Z. 4 (1971) 191—198, 5 (1971)
      278—280, 12 (1971) 689—693.
1.26 Shelby, J. E.: J. Amer. Ceramic Soc. 55 (1972) 56.
1.27 Tammann, G.: Z. angew. Chem. t. 39 (1926) 247.
1.28 Teno, E.; Grimm, A. C.; Hoffmann, F. J.: Radio Corporation of America.
      Bericht über Contract AT (04-3)-363, Subcontract S-126, Atomic Energy
      Commission; Air Force Contract AF 30 (002-2682, Project 5573, Task
      557303.
1.29 Wyckoff, R. W. G.: Crystal structures. Chichester, New York, Toronto,
      Sydney: John Wiley 1963.

2. Grundprozesse der Handhabung

2.1. Anpassung

Der richtige Umgang mit Materialien erfordert die Berücksichtigung einer Vielzahl ihrer Eigenschaften. Um sie in ihrem Kernpunkt in geschlossener Darstellung zu behandeln, werden Einzelgebiete herausgegriffen, die möglichst viel davon berühren. Als erstes sei dies das weite Feld der Anpassung. Es betrifft das gegenseitige Ausdehnungsverhalten von Stoffen, die entweder fehlerlos miteinander zu verbinden sind oder mit denen andere Absichten, bei denen dieses Verhalten eingeht, verwirklicht werden sollen.

Die wichtigsten Erfahrungen wurden auch hier wieder am Glas gesammelt. Vor ca. 70 Jahren wurden mit dem Aufkommen der Glühlampen vakuumdichte Durchführungen aus Metall benötigt; die Verbindung mit dem Glas war zudem so zu gestalten, daß sie durch dauernden Temperaturwechsel keinen Schaden nahm.

2.1.1. Zug- und Druckspannungen

Gehen wir von Bild 20 aus. Der Kreis bedeute den Querschnitt eines homogenen Materials, eines Metallstabes etwa, der in allen Richtungen

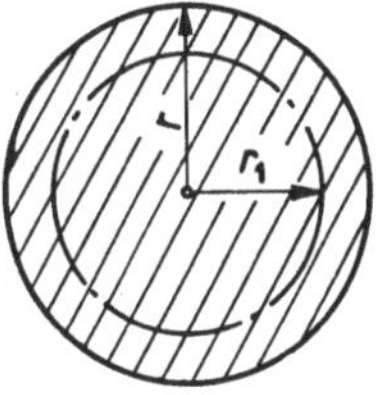

Bild 20. Zur Ausdehnung eines Metallstabes oder Metallrohres.

den gleichen Ausdehnungskoeffizienten α hat. Damit ändert sich sein Radius r bei einer Temperaturänderung um ΔT in

$$r + \Delta r = r + r\alpha\Delta T \, ,$$

$$\frac{\Delta r}{r} = \alpha\Delta T \, .$$

Allgemein ändert sich eine Länge l um Δl, und es ist ebenso

$$\frac{\Delta l}{l} = \alpha \Delta T \; .$$

In einer Darstellung von $\Delta l/l$ als Funktion von ΔT ist somit der Ausdehnungskoeffizient durch die Steigung der Kurve gegeben. α wird in K^{-1}, ΔT in K angegeben; für $\Delta l/l$ findet sich häufig die praktische Angabe in mm/m[1]. Als Bezugspunkt gilt meist die Zimmertemperatur, für sie ist $\Delta l = 0$. Gemessen wird mit dem Dilatometer an einem Körper größerer Länge, den man von Zimmertemperatur aus erwärmt oder, was mehr Umstand macht, abkühlt und die Längenänderung Δl, die sich dabei einstellt, mißt.

Auch für einen Kreis im Inneren eines homogenen Materials nach Bild 20 ergeben sich gleiche Verhältnisse, z. B. wird r_1 zu $r_1 + r_1 \alpha \Delta T$. Daran ändert sich auch nichts, wenn alles innerhalb r_1 vorhandene Material entfernt wird. Im jetzt entstandenen Metallrohr wird bei Erwärmung sowohl der Innen- als auch der Außenradius größer.

Nun sei ein Rohr 2 mit einem Rohr 1 fest verbunden (Bild 21), und es werde ihre Temperatur um ΔT_1 bzw. ΔT_2 geändert. Dann würde sich r beim Rohr 1 um $r\alpha_1 \Delta T_1$, beim Rohr 2 um $r\alpha_2 \Delta T_2$ ändern, wenn sich dieses frei ausdehnen könnte. Da beide jedoch fest verbunden sind, muß die Änderung von r für beide gleich sein. Bei $\alpha_1 \Delta T_1 \neq \alpha_2 \Delta T_2$ entstehen Spannungen an der Grenzfläche zwischen beiden Rohren. Je nachdem welches Vorzeichen ΔT_1 und ΔT_2 haben, und ob α_2 größer als α_1 ist oder umgekehrt, ergeben sich nun die verschiedensten Anforderungen an die elastischen Eigenschaften der beiden untereinander verbundenen Materialien, d. h. es entstehen in ihnen Zug-, Druck- oder in seltenen Fällen auch gar keine Spannungen. Zugspannungen sind so definiert, daß sie die Atome in einer zu den wirkenden Kräften senkrechten Fläche auseinanderzureißen versuchen; Druckspannungen möchten die Atome einander noch weiter nähern. Die Annäherung von Atomen vom Gleichgewichtszustand aus erfordert aber weit stärkere Kräfte (vgl. Bild 11), weswegen ein Körper auf Druckbeanspruchung weniger empfindlich reagiert als auf Zug. In der Tat versucht man vornehmlich Zugspannungen zu vermeiden.

Es sollen nun verschiedene Fälle erörtert werden (Bild 21). Es sei:
1. $\Delta T_1 = \Delta T_2 = \Delta T < 0$.
Dies heißt: Die Materialien *1* und *2* sind soeben bei entsprechend hoher Temperatur verbunden worden und werden langsam genug abgekühlt, um sie bis zum Endzustand beide auf gleicher Temperatur zu halten.

---

[1] Die zugeschnittene Größengleichung lautet bei dieser Wahl $(\Delta l/l)/\,(\mathrm{mm/m})$ $= 1000\,(\alpha/\mathrm{K}^{-1})\,(\Delta T/\mathrm{K})$.

Die Spannungsverhältnisse, die mit diesem Endzustand verknüpft sind, sind näher zu betrachten.

a) $\alpha_1 < \alpha_2$.

Der Körper 2 schrumpft in diesem Fall sozusagen auf den Körper 1 auf. Das Material 1 wird zusammengedrückt, in einer Fläche senkrecht zu r herrscht Druckspannung. Für Material 2 gilt dasselbe, auch dort herrscht Druckspannung.

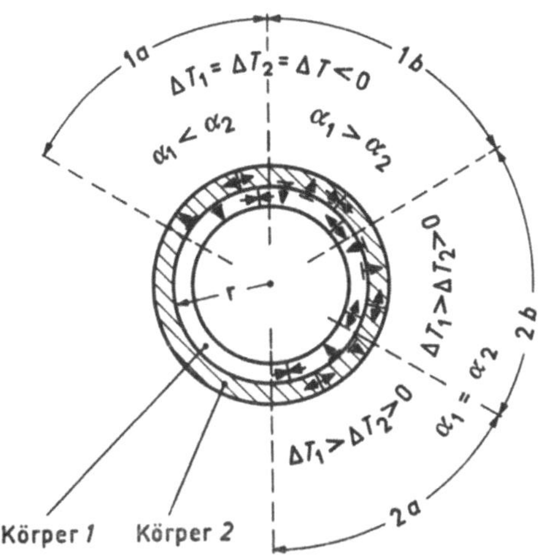

Bild 21. Zug- und Druckspannungen an einem konzentrischen Verbundkörper. Pfeile, die in radialer Richtung von der Innenfläche aus in die Körper 1 oder 2 hineinweisen, bedeuten Druck, die, die aus den Körpern hinausweisen, Zug. In tangentialer Richtung aufeinander zuweisende Pfeile bedeuten Druck, die anderen Zug.

Betrachtet man in tangentialer Richtung, dann sind die Kräfte in 1 und 2 wie eingezeichnet gerichtet, 2 umspannt den Körper 1 etwa wie ein Gummiband. In 1 herrscht Druckspannung, in 2 Zugspannung.

b) $\alpha_1 > \alpha_2$.

Der Körper 1 möchte dem Körper 2 bei der Abkühlung davonlaufen. An der Grenzfläche entstehen in 1 Kräfte, die nach außen wirken und somit die Atome zu trennen versuchen, sie erzeugen Zugspannungen. In 2 ist es nicht anders, auch dort sind in radialer Richtung Zugspannungen vorhanden. Bei den tangentialen Kräften ist zu bedenken, daß 1 nicht so klein werden kann wie es eigentlich möchte, daß somit auseinanderziehende Kräfte, also Zugspannungen, existieren. An 2 aber wird nach innen gezogen, nur mit kleiner werdendem Radius und Kreisumfang könnte dem entsprochen werden; es sind Druckspannungen entstanden.

Gehen wir nun in umgekehrter Richtung weiter. Es liege eine ideale Verbindung ohne jede Spannung bei Zimmertemperatur vor, und es werde von da aus erwärmt. Wird die Erwärmung mit der gleichen

Vorsicht wie bei der Abkühlung durchgeführt, dann werden auch die Spannungen in gleicher Größe durchlaufen, und es scheint kein Grund vorhanden, daß die Verbindung diese nicht noch einmal überstehen sollte. Doch in Wirklichkeit wird anderes passieren. Verschieden gute Wärmeleitung und verschiedene Wärmekapazität sorgen dafür, daß sich die Körper *1* und *2* verschieden schnell aufheizen. Welchen Belastungen ist dann diese scheinbar ideale Anpassung (d. h. $\alpha_1 = \alpha_2$) ausgesetzt ?

2. $\alpha_1 = \alpha_2 = \alpha$.

a) $\Delta T_1 > \Delta T_2 > 0$.

In diesem Fall wäre $\Delta r = r\alpha\Delta T_1 > r\alpha\Delta T_2$. Wenn er könnte, würde sich Körper *1* stärker ausdehnen als Körper *2*. Es treten in ihm radial und tangential Druckspannungen auf. Der Körper *2* unterliegt radial ebenfalls Druckspannungen, jedoch tangentialem Zug.

b) $\Delta T_1 < \Delta T_2 > 0$.

Dies ergibt besonders kritische Verhältnisse. Der Körper *2* zieht am Körper *1*, in beiden entstehen radiale Zugspannungen. Die tangentialen Spannungen wirken in Körper *2* als Druck, in Körper *1* als Zug. Hätte jedoch — und selbst bei $\alpha_1 = \alpha_2$ im Arbeitsbereich ist dies in Abhängigkeit vom weiteren Verlauf und der Vorgeschichte möglich — bei der Ausgangs-, etwa Zimmertemperatur, der Körper *1* radial unter Druck gestanden, dann hätte auch die schnellere Aufheizung von *2* nicht zur Zerstörung geführt, weil noch ein Temperaturbereich zur Verfügung gewesen wäre, in dem erst einmal die Druckspannungen hätten abgebaut werden können. Erst dann wären Zugspannungen aufgetreten und zwar in wesentlich milderer Form. Somit ist die völlig spannungslose Verbindung in vielen Fällen gar nicht erstrebenswert.

Als wichtige Merkmale sind uns bis jetzt begegnet: Ausdehnungskoeffizient, Zugfestigkeit, Druckfestigkeit, Wärmeleitfähigkeit und Wärmekapazität. In Tabelle 6 sind diese Daten für die interessierenden Stoffe zusammengestellt. Dabei ist bewußt vermieden, die ganze Vielfalt der Parameter anzuführen. Der Gewinn an Information auf Kosten der Übersichtlichkeit würde nicht ins Gewicht fallen. Denn viele dieser Daten hängen von der Vorbehandlung ab; bei anderen kommt man ohne exakte Darstellung des Kurvenverlaufs sowieso nicht aus.

Aus Tabelle 6 soll folgendes herausgestellt werden: Bei den Einschmelzgläsern streut der Ausdehnungskoeffizient in weitem Bereich. Je nach seiner Größe unterscheidet man öfter zwischen Weichgläsern ($\alpha > 70 \cdot 10^{-7}\,\mathrm{K}^{-1}$) und Hartgläsern ($\alpha = 30 \cdot 10^{-7}\,\mathrm{K}^{-1}$ bis $70 \cdot 10^{-7}\,\mathrm{K}^{-1}$). Für beide Sorten finden wir ausreichend gut angepaßte Metalle.

Besonders hohe Ausdehnung zeigen Kupfer, Edelstahl, Silber. Das soll uns bei ihrer Verwendung zur Vorsicht mahnen. Vorab sei als Beispiel nur darauf hingewiesen, daß große, mit Silber als Lot ausgefüllte

Tabelle 6. Vergleichswerte wichtiger Eigenschaften für die Anpassung

Material	bei einer Temp. von °C	Ausdehnungskoeffizient in K^{-1}	Zugfestigkeit in N/mm^2	Druckfestigkeit in N/mm^2	Wärmeleitfähigkeit in $W\ cm^{-1}K^{-1}$	spezifische Wärmekapazität in $J\ g^{-1}K^{-1}$
Einschmelzgläser						
Bleiglas	≈ 20	$95 \cdot 10^{-7}$				
Borosilikat f. FeNiCo	≈ 20	$50 \cdot 10^{-7}$	20	200	0,01	
desgl. für W	≈ 20	$39 \cdot 10^{-7}$				
Keramik						
Al_2O_3, 99% rein	≈ 20	$63 \cdot 10^{-7}$	230	2300	0,29	
	100					0,88
	400				0,11	
BeO, 98% rein	≈ 20	$59 \cdot 10^{-7}$		1500	2,05	1,21
	100					
	400				0,71	
Metalle						
Cu	≈ 20	$166 \cdot 10^{-7}$	400		3,93	0,38
	700				3,51	
Fe(54)Ni(28)Co(18)	≈ 20	$60 \cdot 10^{-7}$	600		0,17	0,67
Fe(48)Ni(51)Cr(1)	≈ 20	$101 \cdot 10^{-7}$	600		0,16	0,50
Edelstahl	≈ 20	$162 \cdot 10^{-7}$	600		0,16	
Mo	≈ 20	$54 \cdot 10^{-7}$	800		1,46	0,25
W	≈ 20	$44 \cdot 10^{-7}$	4700		1,59	0,14
Ag	≈ 20	$206 \cdot 10^{-7}$	200		4,18	0,23

Spalte das ganze Ausdehnungsverhalten der zu verbindenden Stoffe beeinträchtigen.

Bezüglich der Zugfestigkeit[2] ist Glas weitaus am kritischsten. Schon geringe Fehler in der Anpassung wirken sich aus und können zum Bruch führen. Keramik ist in dieser Hinsicht zehnmal so gut, noch höhere Werte können je nach ihrer Vorbehandlung Metalle ergeben. Aber vielfach sind Metalle und Keramik, die unter Zugspannung stehen, durch ein Lot aus Silber miteinander verbunden, und dann kann dessen Zugfestigkeit oder dessen Verankerung mit der Keramik der begrenzende Faktor sein.

Am sichersten ist es, wenn nur Druckspannungen, zumindest in radialer Richtung[3], auftreten. Schon für Glas ist die Druckfestigkeit

---

[2] Zugfestigkeit und Druckfestigkeit findet man noch vielfach in der Einheit kp/mm² oder kp/cm² angegeben. In Zukunft ist sie N/m². Es ist 1 kp/mm² $\approx$ $\approx$ 10 N/mm² und 1 kp/cm² $\approx$ 0,1 N/mm².

[3] Daß Zugspannungen in tangentialer Richtung nicht ganz so so kritisch sind, mag darin begründet sein, daß der meist vorhandene metallische Partner eine „gebirgige" Mikrostruktur aufweist, die in ihrer unmittelbaren Nachbarschaft — in dem Bereich, in dem die Spannungen am stärksten sind — als Stütze wirken, während in radialer Richtung kein hilfreiches „Gebirge" bremsend wirkt.

recht gut, für Keramik hervorragend. Bei Metallen prüft man meist die Härte und definiert diese u. a. je nach Form des einzudrückenden Körpers (Brinell-, Vickers-Rockwell-Härte[4]). Z. B. wird zur Prüfung der Härte nach Brinell eine Kugel vom Durchmesser d mit einer Kraft P in das zu prüfende Stück eingedrückt und der Durchmesser d_1 des auf der Oberfläche nach der Entlastung hinterlassenen Eindrucks gemessen. Der Quotient Prüflast durch Oberfläche des Eindrucks ist die Brinellhärte.

Eine Übersicht über die Härte der Metalle [2.24] ergibt Bild 22. Selbst beim duktilen Kupfer werden im verformten Zustand schon Werte von 1000 N/mm² erreicht.

Die Zugfestigkeit der Metalle ist in Bild 23 angegeben [2.24]. Diese Darstellung ist besonders instruktiv, weil sie eine Gruppe mit ganz besonders hohen Werten deutlich heraushebt. Es sind die Metalle aus der 6. Periode mit dem kaltverformten Wolfram, mit einer maximalen Zugfestigkeit von 4700 N/mm² an der Spitze. Diese höchste Zugfestigkeit spielt bei der Herstellung von Gittern mit gespannten Drähten eine entscheidende Rolle.

Bezüglich der Wärmeleitfähigkeit ist bemerkenswert, daß die Werte für Al_2O_3 und für Eisenlegierungen einander ähnlich sind, die spezifische Wärmekapazität bei den Einschmelzlegierungen kleiner ist. BeO hat bei Zimmertemperatur eine beachtlich hohe Wärmeleitfähigkeit, die etwa den halben Wert von der von Kupfer erreicht. Während sie jedoch bei Kupfer auch bei höheren Temperaturen in ähnlicher Höhe erhalten bleibt, sinkt sie bei BeO schon bei 400 °C auf ein Drittel des ursprünglichen Wertes ab.

2.1.2. Mechanische Spannungen bei gekrümmter Ausdehnungskurve

Eisen-Nickel-Kobalt-Legierungen, zu denen man im allgemeinen greift, wenn mit Hartgläsern oder Keramik vakuumdichte Verbindungen hergestellt werden sollen, zeigen keine lineare Abhängigkeit der Ausdehnung von der Temperatur. Es finden zwei Umwandlungen statt. Die eine, die bei jeder Anwendung eine Rolle spielt, ist die beim sogenannten Curie-Punkt. Hinzu kommen bei bestimmten Temperaturen gebietsweise Umwandlungen von flächenzentrierter in raumzentrierte Kristallmodifikation und umgekehrt. Beide Umwandlungen sind mit stärkerer Änderung im Ausdehnungskoeffizienten verbunden. Je nach den Anteilen von Eisen, Nickel und Kobalt im Dreistoffsystem ändert sich dieses Verhalten.

Betrachten wir beispielsweise die Ausdehnung einer Legierung aus 54% Fe, 28,5% Ni und 17,5% Co beim Durchlaufen eines gewissen

---

[4] Vgl. DIN 50351, 50133 und 50103.

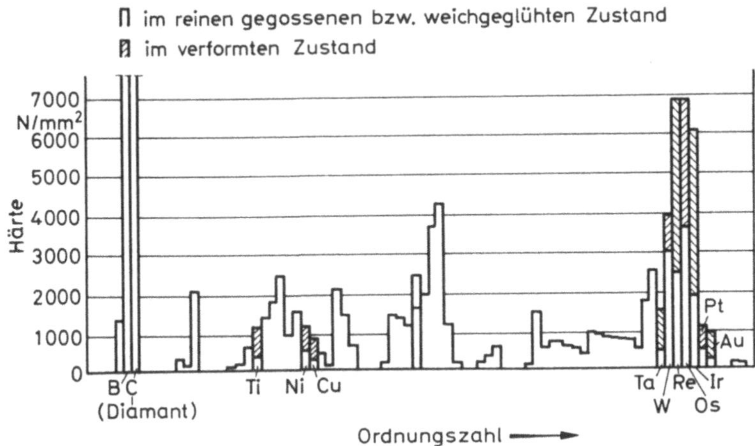

Bild 22. Gang der Härte von Metallen mit der Ordnungszahl im Periodensystem der Elemente. Metalle, die hier von besonderem Interesse sind, sind gekennzeichnet (nach [2.24]).

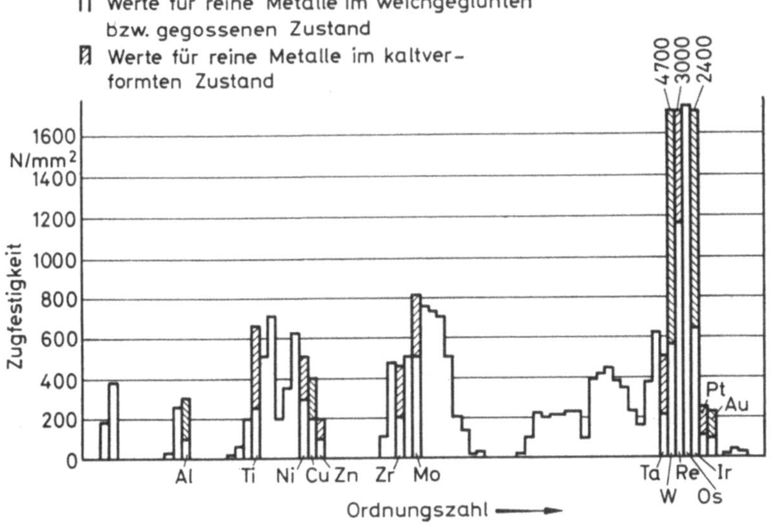

Bild 23. Zugfestigkeit einiger Metalle (nach [2.24]).

Temperaturbereiches (ca. $+800\,°C$ bis $-100\,°C$) in Bild 24 [2.21]. Zunächst liegt, von hohen Temperaturen her kommend, die flächenzentrierte γ-Modifikation vor. In der Nähe von $400\,°C$, zusammenfallend mit dem Curie-Punkt, findet eine erste starke Richtungsänderung statt, und von da an ist der Ausdehnungskoeffizient kleiner. Solange nicht $-100\,°C$ unterschritten werden, werden diese Werte reversibel in beiden Richtungen durchlaufen. Sinkt jedoch die Temperatur unter $-100\ °C$ ab, dann entsteht zunehmend α-Phase mit wesentlich größerem Ausdehnungskoeffizienten. Erst bei mehr als 400 °C setzt bei ansteigender Temperatur die Rückumwandlung in die γ-Phase wieder ein.

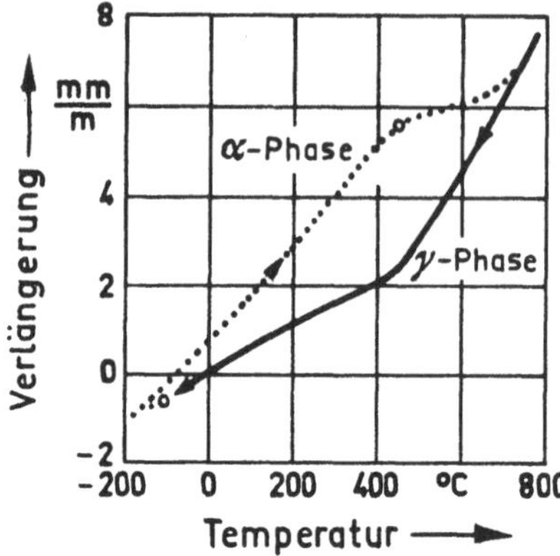

Bild 24. Wärmeausdehnung einer Legierung mit 54% Fe, 28,5% Ni und 17,5% Co bei Abkühlung und Wiederaufheizung (nach [2.21]).

Es ist bei den heutigen Anforderungen nicht ganz abwegig, mit so niedrigen Betriebstemperaturen zu rechnen, wie sie für die γ–α-Umwandlung angegeben sind. Diese hat, veranlaßt durch die andere Ausdehnung, eine Änderung der mechanischen Spannungsverhältnisse zur Folge. Bei Verwendung von Glas als Verschmelzpartner kann z. B. gezeigt werden, wie die vorliegenden Druckspannungen bei entsprechender Abkühlung erst bezirksweise und dann vollständig in Zugspannungen übergehen und schließlich zu Rissen führen.

Die Temperatur dieser Umwandlung ist umso höher, je kleiner der Nickelanteil ist. Schon bei seinem Absinken auf knapp unter 27% steigt sie auf $+30\ °C$ an. Man kommt also in Bereiche, die eine Verwendung derartiger Legierungen unmöglich machen. Die Auswahl einer Legierung darf somit nicht allein unter dem Gesichtspunkt einer geeigneten Ausdehnung erfolgen, es muß auch immer der in Frage kommende Temperaturbereich für den Einsatz berücksichtigt werden[5].

Betrachten wir weiterhin nur noch den stark ausgezogenen Bereich einer Kurve gemäß Bild 24, wobei wir voraussetzen, daß die dafür gültigen Temperaturen nie unterschritten werden, also Reversibilität gewahrt bleibt. Der durch die magnetische Umwandlung gegebene starke Knickpunkt bleibt immer an derselben Stelle. Für unsere grundsätzliche Betrachtung nehmen wir jetzt an, daß eine Legierung mit einem derartigen Ausdehnungsverhalten mit einem Isolator verbunden wer-

---

[5] Laut Datenblatt G 003 der Firma Vakuumschmelze, Hanau, wird z. B. für „Vacon 10" Gefügestabilität bis $-200\ °C$, für „Vacon 12" und „Vacon 20" bis $-80\ °C$ gewährleistet.

den soll, der sich selbst völlig linear ausdehnt und dessen elastisches Verhalten keiner wesentlichen Änderung mit der Temperatur unterliegt. Die Verbindung besorgt ein Lot, das einen genau definierten Schmelzpunkt hat, z. B. Silber. Beide Körper sollen sich beim Schmelzen des Lotes auf gleicher Temperatur befinden. Wenn diese 961 °C unterschreitet, ist das Silber erstarrt und kettet in einer so dünnen Schicht die zu verbindenden Teile in ihrer Ausdehnung aneinander, daß seine Eigenschaften nicht zusätzlich eingehen. Bei 961 °C sind sie

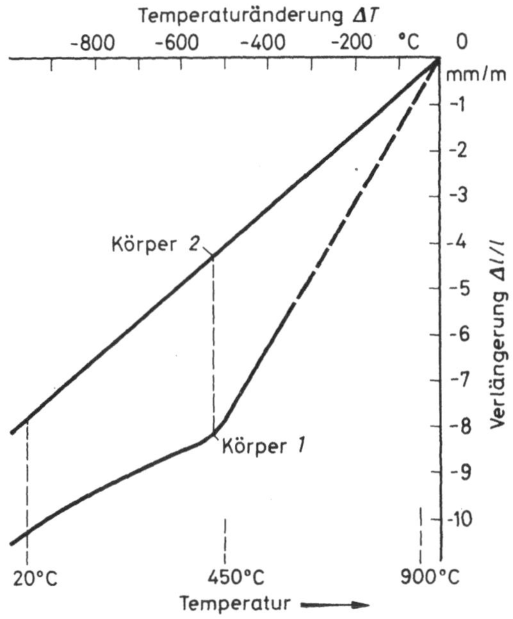

Bild 25. Die relativen Maßänderungen bei freier Beweglichkeit der Grenzfläche zweier Körper, ausgehend von 961°C. Ein bei gleicher Temperatur tiefer liegender Punkt gehört einem Material zu, das bis zu diesem Punkt einen größeren mittleren Ausdehnungskoeffizienten hat. Körper 1 ist in diesem Fall Vacon 10 der Vacuumschmelze Hanau. Körper 2 zeigt die mittlere Ausdehnung vonAl₂O₃.

noch völlig entspannt, aber beim Abkühlen können jetzt Spannungen entstehen.

Um diese in ihrer Größe abzuschätzen, sind die beiden Kurven so aufeinanderzulegen[6], daß sie bei 961 °C einen gemeinsamen Punkt haben (Bild 25). Von da aus wird nun die Abkühlung vorgenommen.

---

[6] Man hält zweckmäßigerweise solche Darstellungen in einheitlichen Maßstäben bereit. Dann kann man unabhängig von dem bei der Ausdehnungsmessung gewählten Nullpunkt mit Hilfe von Transparentzeichenpapier die verschiedensten Kurven richtig übereinanderlegen, vergleichen und gegebenenfalls aufzeichnen, wenn nur bei beiden die Temperatur markiert ist, die den Lotschmelzpunkt angibt. Von diesem aus ist mit demselben Maßstab die Temperaturdifferenz als Abszisse nach tieferen Temperaturen hin aufzutragen.

Es ergeben sich sehr unterschiedliche Werte für $\Delta l/l$. Am größten ist die Abweichung bei etwa 450 °C. Legen wir bei einer konzentrischen Verbindung die Metallegierung nach innen, ist sie somit Körper *1*, dann ist bei $\Delta T = -500$ K (das entspricht einer Temperatur von 461 °C) das mittlere $\alpha_1 > \alpha_2$. Es gilt aus Abschnitt 2.1.1. der Fall 1 b: In Körper *1* und Körper *2* sind radiale Zugspannungen entstanden. Es ist kaum zu erwarten, daß diese Temperaturbereiche ohne Bruch des Verbundkörpers durchlaufen werden können. Aber auch bei Zimmertemperatur sind die verbleibenden Zugspannungen noch viel zu groß.

Wesentlich günstiger werden die Verhältnisse, wenn mit einem niedriger schmelzenden Lot gearbeitet wird (Bild 26). Stünde dieses

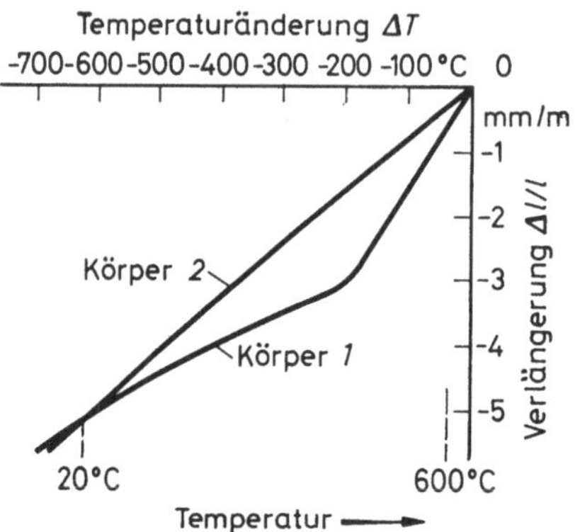

Bild 26. Die gleichen Körper wie in Bild 25 in ihrem Ausdehnungsverhalten, jedoch ausgehend von 640°C.

mit dem Schmelzpunkt von 640 °C zur Verfügung, so könnte man bei Zimmertemperatur sogar völlige Spannungsfreiheit erreichen. Beim Aufheizen müßten dann allerdings wieder Zugspannungen aufgenommen werden.

Maßgeblich für die Spannungen zwischen zwei verbundenen Körpern sind — wie schon gesagt — u. a. die Ausdehnungsunterschiede, die an der Grenzfläche zwischen ihnen dadurch zustande kommen, daß sich nicht jeder Körper so ausdehnen kann, wie er es für sich allein täte. Sie stehen somit in Beziehung zu Δl und nicht zu $\Delta l/l$. Die Längenänderung $\Delta l = l\alpha\Delta T$ wird aber umso größer, je größer l ist. Die die Spannungen veranlassende Größe ist also sehr von den Abmessungen der zu verbindenden Teile abhängig. Es ist deswegen besonders problematisch, Körper großer Dimension mit hochschmelzendem Lot zu verbinden, ohne entlastende Maßnahmen zu ergreifen.

Weiterhin ist für Δl nicht allein α, sondern das Produkt $\alpha\Delta T$ maßgeblich. Δl_1 kann auch bei ungleichem α gleich Δl_2 werden, wenn $\alpha_1\Delta T_1 = \alpha_2\Delta T_2$ ist. Betrachten wir hierzu, von 20 °C ausgehend, Teilabschnitte (Bild 27a) aus Bild 26. Wird der spannungsfrei verbundene Körper aufgeheizt, dann durchläuft er schon bald Bereiche in

denen Zugspannungen entstehen. Gelingt es jedoch, den Körper *1*
schneller aufzuheizen als den Körper *2*, oder findet dieses schnellere
Aufheizen aufgrund verschiedener Wärmekapazitäten von allein statt,
dann kann der Verbundkörper ganz ohne Spannung bleiben. Hat z. B.
der Körper *1* schon die Temperatur von 280 °C erreicht, wenn die vom
Körper *2* erst 185 °C beträgt, tritt dieser Fall ein. Auch beim Wie-
derabkühlen kann sich solch günstige Temperaturführung einstellen.

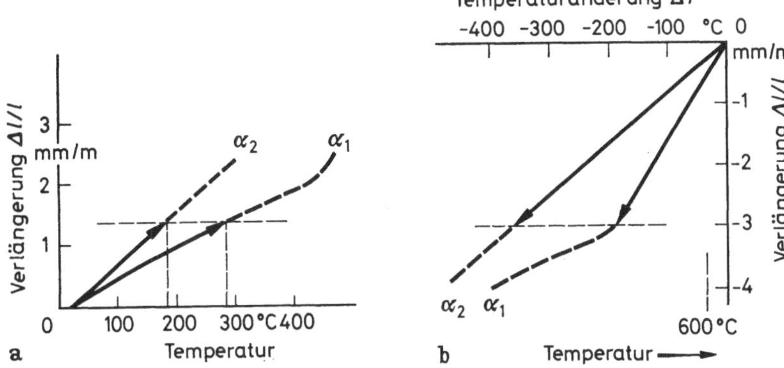

Bild 27. Vermeidung von mechanischen Spannungen durch geeignete Temperaturführung. a) beim
Aufheizen; b) Differenzkühlung als Mittel, kritische Temperaturbereiche unter Vermeidung von
schädlichen Spannungen zu durchlaufen.

Nach dem Lötprozeß kann beim Abkühlen auf Zimmertemperatur
die richtige Temperaturführung ermöglichen (Bild 27 b), die für die
Spannungen kritischen Temperaturbereiche ohne Schaden zu durchlaufen. Bei dieser „Differenzkühlung" muß in unserm Fall Körper *2*
schneller abgekühlt werden als Körper *1*. Wenn dann später beim Betrieb nur noch kleinere Temperaturschwankungen um die Zimmertemperatur herum auftreten, kann das Resultat zufriedenstellen.
Diese Art von Verfeinerung kann zwar für ganz bestimmte Anwendungen von Vorteil sein, jedoch werden die dabei zusätzlich auftretenden Varianten unübersichtlicher, und für die meist vorliegenden
Anwendungen bleibt nur übrig, insgesamt Zugspannungen zu vermeiden.

Wenn nun auch die Ausdehnung von Körper *2* keinen linearen Verlauf mehr zeigt, wie dies in der Praxis oft der Fall ist, so ändert sich an
den Betrachtungen nur wenig. Neue Gesichtspunkte kommen hinzu,
wenn nicht ein definierter Erstarrungspunkt vorliegt, wie etwa bei
einem Lot, sondern wenn z. B. Glas, dessen Viskositätsverhalten in
einem größeren Temperaturbereich noch ausgleichende Anpassung zuläßt, mit einem Metall verbunden werden soll.

2.1.3. Glas-Metall-Verschmelzungen

Wie bereits aus Bild 14 bekannt ist, nimmt die Ausdehnungskennlinie
eines Glases in der Nähe seines Transformationspunktes eine wesentlich andere Steigung an. Ferner muß man von dieser Temperatur an
damit rechnen, daß die Viskosität des Glases bei weiterer Abkühlung
bald Werte erreicht, die eine Entspannung in erträglicher Zeit nicht
mehr zulassen. Die Transformationstemperatur des Glases spielt somit

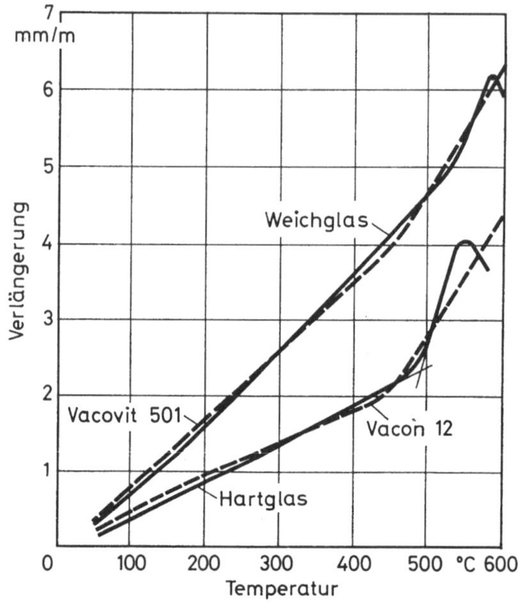

Bild 28. Die Einschmelzlegierungen „Vacon 12" und Vacovit 501" (gestrichelt) mit angepaßtem
Hartglas und Weichglas (durchgezogen). Für Hartglas ist gemäß Bild 14 die Transformationstemperatur angedeutet (nach Angaben der Fa. Vacuumschmelze, Hanau).

bei einer Glas-Metall-Verbindung eine ähnliche Rolle wie der Erstarrungspunkt eines Lotes, jedoch mit dem Unterschied, daß es sich um
keinen „Punkt", sondern um einen ausgedehnteren Temperaturbereich
handelt.

Beim Aufschmelzen — wir nehmen dafür etwa 1050 °C an — ist das
Glas sehr weich und schmiegt sich dem Metall bestens an. Beim Abkühlen wird es zäher und braucht immer mehr Zeit, um die vom Metall
vorgeschriebenen Abmessungen anzunehmen. Wird der jetzt folgende
Temperaturbereich mit großer Kühlgeschwindigkeit durchlaufen, dann
wird die starke Änderung in der Glasausdehnung in der Umgebung des
Transformationspunktes Abweichungen der Längenänderung Δl zurücklassen, die auch bei gleicher Ausdehnung von Metall und Glas im
unteren Temperaturbereich Spannungen ergeben. Kühlt man jedoch

zumindest vom Transformationspunkt aus langsam ab, dann hat das
Glas noch Zeit sich anzupassen. Es kann, sofern überhaupt gewünscht,
eine spannungsfreie Verbindung entstehen. Ein ähnlicher Unterschied
kommt zustande, wie er schon in den Bildern 25 und 26 durch Verwendung verschiedener Lote zum Ausdruck kam.

In Bild 28 sind die Ausdehnungen von Einschmelzlegierungen und
der jeweils passenden Gläser eingetragen. Wenn es durch vorsichtiges
Tempern gelingt, etwa bei 450 °C oder 480 °C einen völlig spannungs-
freien Zustand zu erhalten, treten auch bis zu Zimmertemperatur
wenig Spannungen auf. Kühlt man jedoch von z. B. 550 °C aus schnell

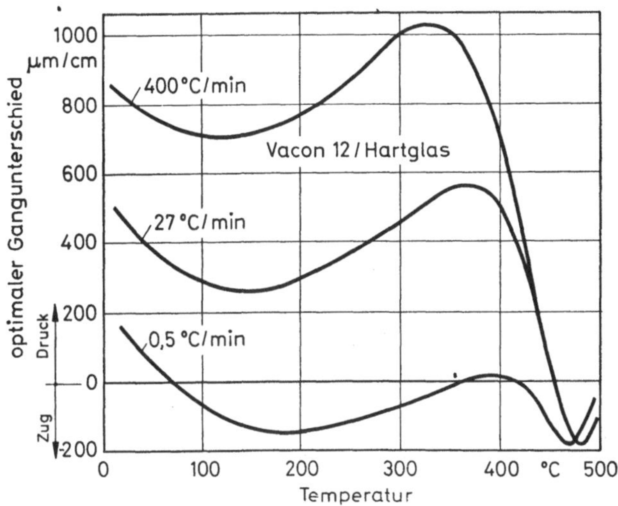

Bild 29. In Abhängigkeit von der Kühlgeschwindigkeit entstehende mechanische Spannungen im
Glas, ausgedrückt durch den Gangunterschied, der sich beim Durchgang von polarisiertem Licht
ergibt.

ab, dann ist ein wesentlich anderer Endzustand zu erwarten. Bei Glas
hat man den Vorteil, auftretende Spannungen mit Hilfe polarisierten
Lichtes prüfen und ihre Größe beurteilen zu können.

Bild 29 zeigt den der Spannung im Glas proportionalen optischen
Gangunterschied, wie er sich bei verschiedenen Kühlgeschwindigkeiten
ergibt[7]. Man sieht eindeutig, daß bei schneller Kühlung große Druckspannungen entstehen. Bei langsamer Abkühlung werden in einem
bestimmten Temperaturbereich Zugspannungen durchlaufen. Da bei
diesen optischen Prüfungen meist die Metallegierung in Stabform
vorliegt und dann mit Glas umwickelt wird, ist das Metall (Bild 21)
Körper *1*, das Glas Körper *2*. Im Falle schneller Kühlung verläuft

---

[7] Aus der Druckschrift „Einschmelzlegierungen" der Firma Vacuumschmelze,
Hanau, Ausgabe 1962.

in Bild 28, wenn man etwa die Ausdehnungskurve von „Vacon 12"
bis zum oberen Wendepunkt der Hartglaskurve verschiebt, die Kurve
für Glas unterhalb von der für das Metall; es ist $\alpha_1 < \alpha_2$, und es entstehen Druckspannungen. Im Fall langsamer Abkühlung, wie sie
Bild 28 zugrundeliegt, kann die Kurve für Glas die für das Metall übersteigen, was Zugspannung bedeutet.

Beim Arbeiten mit Glas wirkt sich somit nicht nur eine eventuelle
Differenz in der Abkühlung der beiden Körper aus, sondern zusätzlich
die Abkühlgeschwindigkeit selbst. Oft stimmt man sie bewußt auf ein
gewünschtes Resultat ab und untersucht mit Hilfe der optischen
Spannungsprüfung, ob den Erwartungen entsprochen ist.

Aus Bild 28 ist zu entnehmen, daß der Knickpunkt in der Ausdehnungskurve der Einschmelzlegierung eine weitere Komplikation
mit sich bringt. Läge er bei viel tieferer Temperatur, als sie dem Transformationspunkt des Glases entspricht, würde dieses die auftretenden
Spannungen bei der Abkühlung kaum ohne Schaden überstehen, denn
der Abstand der beiden Ausdehnungskurven für Glas und Metall muß
im ganzen Bereich unterhalb des Transformationspunktes klein gehalten werden.

Bei der Verschmelzung mit geeigneten unlegierten Metallen liegt
weitgehend lineare Temperaturabhängigkeit der Ausdehnung ohne
Knickpunkt vor. Bei ihrer Verwendung ist man somit bezüglich des
Transformationspunktes des Glases nicht gebunden. Meist reicht in
diesen Fällen die Angabe des Ausdehnungskoeffizienten aus Tabelle 6
aus. Da man jedoch auch für andere Verbundkörper aus dem Aufein-
anderlegen von Ausdehnungskurven Nutzen zieht, sei schon vorab in
Bild 30 der Ausdehnungsverlauf einiger wichtiger Metalle und der von
Keramik angegeben. Auch bloße Nennung der geeigneten Gläser würde
den hier gesteckten Rahmen überschreiten; sie sind in den Schriften der
verschiedenen Hersteller von Glas und Einschmelzlegierungen mit Angabe der Verwendbarkeit zu finden.

Nicht immer hat man die Freiheit, einen Verbundkörper im Hinblick auf die auftretenden Spannungen in einfachster Weise zu verwirklichen. Anforderungen aufgrund der Wärmeführung oder bezüglich
des elektrischen Verhaltens erzwingen oft Konstruktionen, die nicht
ohne Sondermaßnahmen genügend haltbar sind. Die zu ihnen führen-
den Überlegungen ähneln sich sehr, ob es sich um Glas-Metall-, Kera-
mik-Metall- oder gar Metall-Metall-Verbindungen handelt; die Problematik ist immer dieselbe, nur das Maß der aufzuwendenden Sorgfalt
kann von Werkstoff zu Werkstoff verschieden sein. So erklärt sich,
daß manche ergänzende Maßnahme zuerst beim Umgang mit dem besonders kritischen Glas ergriffen wurde, wobei dann ihre Wirksamkeit
auch besonders gut zu überprüfen war. Es sollen deswegen aus diesem

Gebiet[8] die weiteren charakteristischen Lösungen herausgestellt
werden.

Der Schneidenanglasung kommt historische Bedeutung zu. Mit
ihrer Hilfe gelangen in den zwanziger Jahren Glas-Metall-Verbindungen
großen Durchmessers, wie sie für Großsenderöhren benötigt wurden.
Man hat dabei eine Schneide aus Kupfer, das zur Erhöhung der mechanischen Stabilität oft mit 1% Mangan oder Beryllium legiert war,

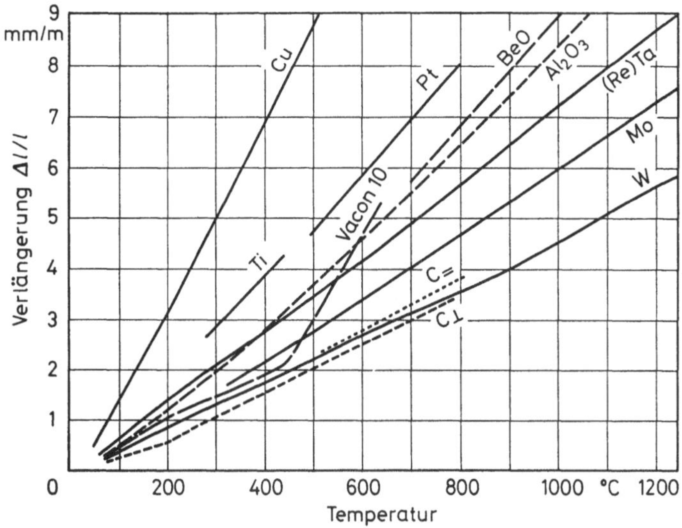

Bild 30. Die lineare Ausdehnung einiger wichtiger Stoffe.

in Weichglas eingeschmolzen (Bild 31a) und die unterschiedlichen Ausdehnungen mit Hilfe der plastischen Eigenschaften des Kupfers überbrückt. Für die Kupferschneiden die richtigen Steigungen zu finden,
dürfte recht aufwendig gewesen sein. Als später angepaßte Gläser
und Einschmelzmetalle zur Verfügung standen, kam es auf die Schneide
nicht mehr an, sie konnte sogar ganz entfallen (Bild 31b).

Auch die Draht- oder Stifteinschmelzung genießt eine Sonderstel-
lung. Mit dünnen Drähten aus Platin wurden Durchführungen durch
Glas mit ausreichender Anpassung hergestellt. Die ersten Glühlampen
waren so unter Verwendung von Weichglas gefertigt. Später trat an
die Stelle von Platin der weit billigere Kupfermanteldraht. Er besteht
aus einem Kern aus Eisen–Nickel mit 42% Nickel. Dieser ist von einem
Kupfermantel umgeben, der für die gute Haftung mit dem Glas und
für gute elektrische Leitfähigkeit sorgt. Kupfermanteldraht ist nur bis
zu einer gewissen Dicke (0,6 mm) unkritisch. Hauptsächlich mit

---

[8] Zusammenfassend behandelt z.B. in [2.16] oder [2.34].

Fe-Ni-Co, Fe-Ni-Cr, Molybdän und Wolfram lassen sich angepaßte Stiftdurchführungen herstellen. Auch hier gilt, daß das Einschmelzmaterial um so dicker gewählt werden kann, je besser die Anpassung ist.

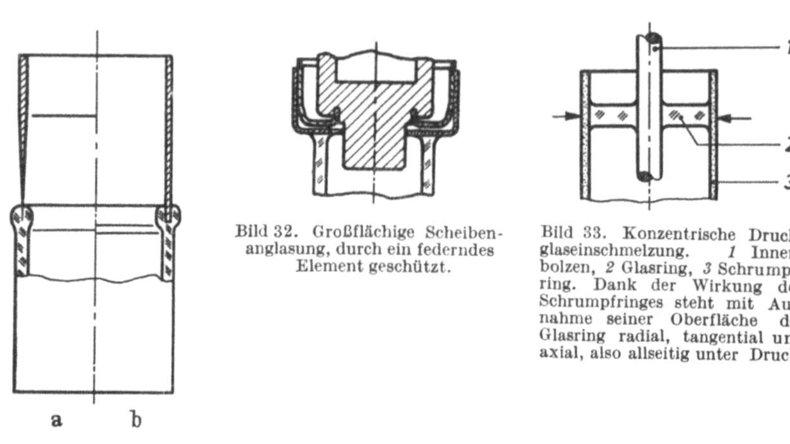

a   b

Bild 32. Großflächige Scheibenanglasung, durch ein federndes Element geschützt.

Bild 33. Konzentrische Druckglaseinschmelzung.   *1* Innenbolzen, *2* Glasring, *3* Schrumpfring. Dank der Wirkung des Schrumpfringes steht mit Ausnahme seiner Oberfläche der Glasring radial, tangential und axial, also allseitig unter Druck.

Bild 31. Klassische Schneideanglasung mit Kupfer (a). Bei angepaßtem Material kann die Schneide entfallen (b).

Die Scheibenanglasung, oft auch als Stumpfanglasung bezeichnet, ergänzt die bis jetzt angeführten Verbindungsarten in allen Richtungen. In Bild 32 ist ihre Ausführung für eine Scheibentriode als großflächige Stromzuführung zu einer Elektrode angegeben. Es ist klar, daß man sie für alle Arten von Durchführungen abwandeln kann. Bezeichnet man die Ausdehnung des Metallkörpers mit α_m, die des Glaskörpers mit α_g, dann entstehen bei $\alpha_g < \alpha_m$ im Glas sowohl radiale als auch tangentiale Druckkräfte, d. h. es entsteht ein stabiler Verbundkörper. Je nach dessen Abmessung und der daraus folgenden Anforderung für die mechanische Stabilität des Metalls kann seine Stärke bis etwa 3 mm betragen.

Schließlich wollen wir uns mit der Druckglaseinschmelzung [2,9, 2.10] als Vorläuferin zur bereits erwähnten Kompresse (Bild 18) beschäftigen. Hierbei wird durch einen Schrumpfring (Bild 33) aus z. B. gewöhnlichem, unlegiertem Flußeisen ein solcher radialer Schrumpfdruck ausgeübt, daß diese Glas-Metall-Kombination sogar dann als vakuumdichtes Element möglich ist, wenn der Innenbolzen allein am Glas Zugspannungen erzeugen würde. Mit Hilfe einer derartigen Druckglaseinschmelzung lassen sich Stromzuführungen in das Vakuum mit sehr hoher Strombelastbarkeit und mechanischer Unempfindlichkeit herstellen. Sie lassen sich für Sonderzwecke noch mit Material guter elektrischer Leitfähigkeit kombinieren.

Um eine gut haftende Verbindung zu erhalten, müssen sich Glas und Metall bei ihrer Herstellung benetzen. Beide Werkstoffe sollen dazu auf über ca. 800 °C erhitzt werden. Die eigentliche Bindung erfolgt teilweise durch ein Einfließen des heißen Glases in die Unebenheiten der Metalloberfläche. Hauptsächlich jedoch wird sie durch eine Verbindung zu den Metalloxiden hin veranlaßt, die bei der Erhitzung der Einschmelzmetalle entstehen und manchmal im Sonderprozeß gezielt erzeugt werden. Diese Oxide werden teilweise im Glas gelöst, und es entsteht ein kontinuierlicher Übergang.

Die Oxydation des Metalls muß in richtiger Dosis vorliegen. Ist sie zu schwach, kann nicht genug gelöst werden, ist sie zu stark, löst sich das Oxid leicht vom Metall ab. Das richtige Maß wird aufgrund der Farbe an der fertigen Einschmelzung beurteilt. Bei Ni-Fe, Ni–Fe–Cr, Fe–Ni–Co soll sie ein mattes Grau zeigen, bei Kupfer lachs- bis hellrot, bei Molybdän braunviolett, bei Wolfram bläulich sein.

Auch bei Glas-Glas-Verbindungen kann es nützlich sein, verschiedene Gläser zu wählen. Dazu nur ein Beispiel: Glasglocke und Glasfuß werden bei der Röhrenherstellung ausgeheizt und nähern sich dabei in ihrer Temperatur dem Transformationsbereich. Um spätere Elektrolyse zu vermeiden, nimmt man für das Fußglas eine Sorte mit höherem Bleigehalt, womit auch der Transformationspunkt annähernd vorbestimmt ist. Bei z. B. 425 °C liegt er der Ausheiztemperatur bedenklich nahe. Um der Gefahr einer Deformation entgegenzuwirken, wird für das Glas erhöhte Stärke gewählt, die für die Glocke ungeeignet wäre. Für sie nimmt man deshalb ein Glas mit einem Transformationspunkt von z. B. 500 °C und kompensiert mit dieser Maßnahme die geringere Stärke. Gleichzeitig wählt man für die Glocke ein Glas mit etwas höherer Ausdehnung. Es schrumpft bei Zimmertemperatur auf und durchläuft beim Aufheizen für den Betriebszustand, das bei der Glocke schneller vor sich geht, nicht den Bereich der Zugspannungen.

2.1.4. Keramik-Metall-Verbindungen

Die bisher behandelten grundsätzlichen Gesichtspunkte gelten selbstverständlich auch für Verbundkörper aus Keramik und Metall. Die Ansprüche sind kleiner als bei Glas, weil Zug- und Druckfestigkeit höhere Zahlenwerte aufweisen. Der verbindende Prozeß kann jedoch nur bei wesentlich höheren Temperaturen vonstatten gehen, als es etwa der Transformationstemperatur von Glas entspricht, und ein Auseinanderlaufen der Ausdehnungskurven macht sich deswegen stärker bemerkbar.

In diesem Zusammenhang betrachte man nochmals vergleichend die
Bilder 25 und 26. Der Praxis liegt Bild 25 näher. Die Ausdehnungskurven in dieser Abbildung entsprechen der von „Vacon 10" und dem
für Al_2O_3 angegebenen Mittelwert (den genaueren Verlauf für letzteres
siehe Bild 30). Da die auftretenden Zugspannungen zu groß sind, ist
auch eine Metall-Keramik-Verbindung nur stabil durchzuführen, wenn
die beiden Körper vertauscht werden. In Bild 25 war Al_2O_3 Körper *2*,
also außen (vgl. Bild 21). Es muß aber zu Körper *1* werden, also nach
innen treten; an Stelle der *1* in Bild 25 steht die *2* und umgekehrt.
Damit ist $\alpha_2 > \alpha_1$; wir entnehmen in Bild 21 dem Fall 1a, daß in beiden
Körpern radiale Druckspannungen entstehen. Keramik — und natür-
lich auch Metalle — halten diesen der Längenänderung Δl proportionalen Spannungen auch bei größeren Durchmessern stand.

Einige typische Metall-Keramik-Verbindungen seien angeführt. Zunächst sei in Bild 34 ein Al_2O_3-Rohr mit den angegebenen Dimensionen
mit einem Fe–Ni–Co-Rohr vakuumdicht zu verbinden und dieses
seinerseits mit einem Rohr aus dem billigeren und nicht magnetischen
Edelstahl zu verschweißen. Eine Konstruktion, wie sie die Seite a von
Bild 34 zeigt, wäre höchst kritisch. Die aufgrund der verschiedenen
Ausdehnung der verwendeten Metalle auftretenden Kräfte übertragen
sich vom Edelstahl über das Fe–Ni–Co auf die Keramik-Metall-Verbindung und erzeugen dort aufgrund von Deformationen nach einiger
Temperaturbeanspruchung ablösende Zugkräfte, die zu Undichtigkeit
führen. Fügt man jedoch (Seite b von Bild 34) zwischen Edelstahl und
Fe–Ni–Co auch hier wieder ein federndes Element ein, dann gibt es
keine Schwierigkeiten, auch zu noch größeren Abmessungen überzu-
gehen.

Sehr häufig verwendet man vor allem bei großen Abmessungen aus
praktischen Gründen eine stirnseitige Verbindung, wie sie der Scheibenanglasung (Bild 32) entspricht. Die Gründe sind folgende: Ein Rohr
großer Abmessung aus Fe–Ni–Co-Blech — meist steht nur dieses zur
Verfügung — mit großer Maßhaltigkeit und ohne Fehler zu ziehen oder
zu drücken und nachzuarbeiten, ist ein aufwendiges Unterfangen. Die
Maße sind eng zu tolerieren, weil — wie schon früher erwähnt — zu
große Maßdifferenz zwischen Keramik und Metall bei Verwendung
eines ausdehnungsfreudigen Lotes, etwa auf Silberbasis, zu Rissen führt.
Bei stirnseitiger Verbindung entfallen diese Probleme, da das beim
Löten belastende Eigen- oder Fremdgewicht überschüssiges Lot an der
Seite heraus drängt. Jedoch kommt hier mit wachsendem Durchmesser
(bei großer Länge *l*) eine andere Gefahr auf. Zwar bleibt bei $\alpha_m > \alpha_k$
die Keramik allseitig unter Druck, doch belasten solche Kräfte bei zu
großer Stärke des Bleches die Keramik und die Verbindungsstelle zu
stark. Man hat somit keine Freiheit in der Auswahl der Blechstärke.

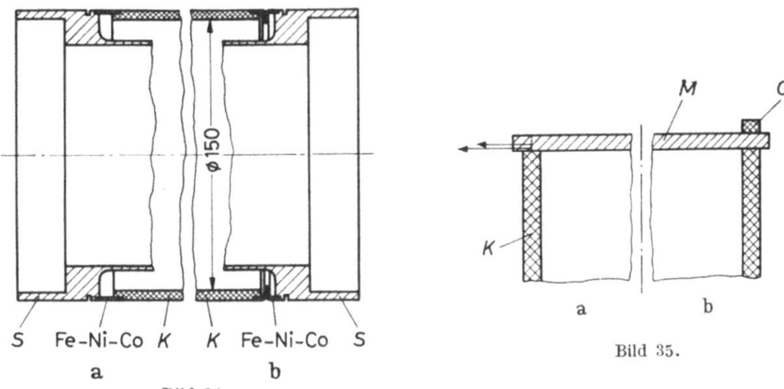

Bild 34. a) Bei Keramik-Metall-Verbindungen muß man nicht nur die Verbundstelle zwischen Keramik K und angepaßtem Material im Auge behalten. Eine zu nahe und zu starre Weiterverbindung kann zur Zerstörung führen. Das Rohr S aus Edelstahl hat so unterschiedliche Ausdehnung, daß die über das Fe–Ni–Co-Rohr übertragenen Kräfte zur Zerstörung der vakuumdichten Verbindung führen; b) Gestaltung der Fe–Ni–Co-Verbindung als federndes Element beseitigt diese Gefahr.

Bild 35. Stirnseitige Verlötung von Metall M aus FeNiCo mit Keramik K aus Al_2O_3 bei großen Abmessungen. An der Verbindungsstelle treten das Metall krümmende Kräfte auf (a). Durch einen Gegenring G aus der gleichen Keramik kann man die Symmetrie wieder herstellen (b).

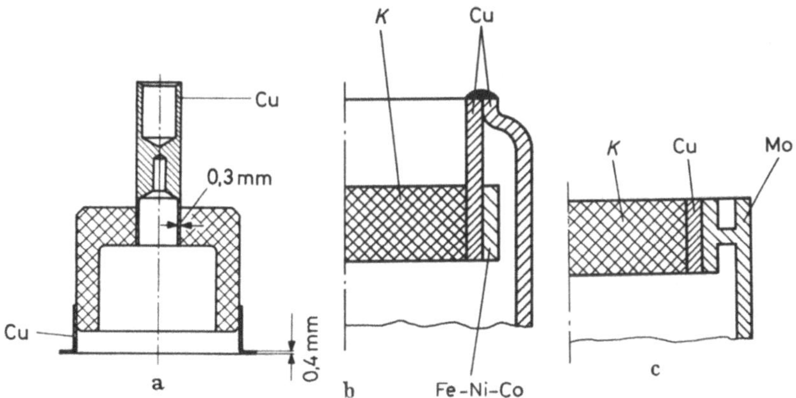

Bild 36. a) Vakuumdichte Durchführungen mit Hilfe von Kupfer. Es kann, wenn genügend dünn, sowohl für innen als auch für außen verwendet werden; b) Eine Verbindung, bei der Hochfrequenzströme nur auf Kupfer entlanglaufen; c) Sogar Zugspannungen können bei geeigneter Gestaltung aufgenommen werden. Man unterscheide zwischen Bild 36c und Bild 19. Dort wird aufgeschrumpft, hier wird aufgelötet, wobei Keramik und Metall gleiche Temperatur haben.

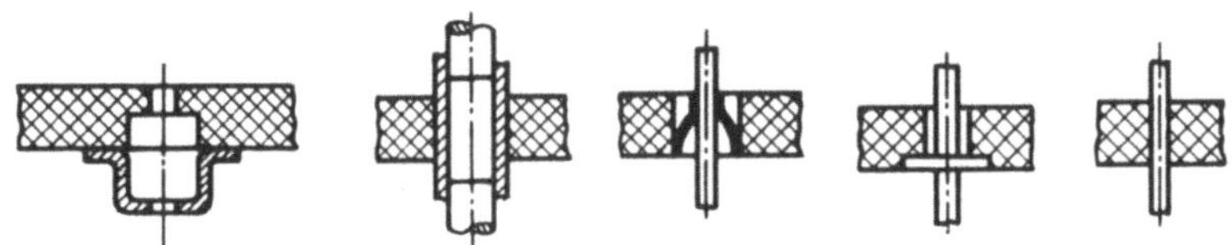

Bild 37. Stiftdurchführungen, und Beispiele sie auf großen Durchmesser auszudehnen.

Aber auch die Kräfte im Metall selbst erfordern einige Aufmerksamkeit (Bild 35). Es sind nach außen gerichtete Zugkräfte, die in unmittelbarer Nähe der Lötstelle am stärksten sind. Auf ein senkrecht zu ihnen stehendes Flächenelement üben sie ein Drehmoment aus, das die Metallscheibe in konkave Form zu krümmen sucht. Um derartige Krümmungen zu vermeiden, müssen die am Metall wirkenden Kräfte symmetrisch angreifen. Bringt man beispielsweise einen niedrigen Zusatzring aus der gleichen Keramik auch an der andern Seite des Metalles an, dann ist Symmetrie erreicht [2.32].

Eine andere Möglichkeit zur Verminderung der zerstörenden Auswirkung dieser auftretenden Kräfte ist die Zwischenfügung eines plastischen Materials, wie etwa Kupfer [2.32]. Damit ist bereits auf eine weitere grundsätzliche Möglichkeit zur Herstellung von Metall-Keramik-Verbindungen hingewiesen. Man nützt die Duktilität des Kupfers aus und wählt es in solcher Stärke, daß es den auftretenden Kräften nachgeben kann. Es ist dann sowohl für innen als auch für außen zu verwenden. Bild 36 zeigt Anwendungsbeispiele.

Für innere Durchführungen, z. B. für eine Vielzahl von Durchführungen in einer Keramikscheibe, lassen sich aufgrund des bereits Erwähnten unschwer Anwendungsmöglichkeiten angeben. Sie sind in Bild 37 zusammengefaßt. Von prinzipieller Bedeutung ist lediglich die Frage, warum eine gewöhnliche Stiftdurchführung nicht beliebig dick gemacht werden kann. Nimmt man für den Stift ein Material mit größerer Ausdehnung als der der Keramik, dann muß man genügend Spielraum lassen, damit bei der Aufheizung zum Löten nicht der Stift die Keramik sprengt. Beim Abkühlen stehen Keramik und Lot radial unter Zug. Ist die Ausdehnung des Stiftes kleiner, dann ist der Lotspalt im heißen Zustand zu groß, es kommt jetzt die völlig andere Ausdehnung des Lotes zur Auswirkung. So ist auch hier möglichst angepaßtes Material zu nehmen (Fe–Ni–Co oder auch Molybdän). Die Grenzen des Durchmessers sind durch den Grad der Übereinstimmung in der Anpassung gegeben. Als Richtwert für den maximalen Stiftdurchmesser gelten 0,8 mm.

2.1.5. Metall-Metall-Kombinationen

Im allgemeinen sind die kritischen Stellen an einer vakuumdichten Hülle die Verbindungen von Isolator und Metall. Das elastische Verhalten der Metalle allein ist ausreichend gut, zumindest bis zu den durch Isolator und Lot nach oben hin begrenzten Temperaturen. Es verursacht also keine zusätzlichen Schwierigkeiten. Gemäß dem Beispiel von Bild 34 ist die Verschweißung von Edelstahl und Einschmelzlegierung nicht gefährdet, denn die Undichtigkeit entsteht zuerst zwischen Keramik und Metall.

Aber nicht nur bei einer Hülle für Vakuumgefäße spielen Anpassungsfragen von Metall zu Metall eine Rolle; auch für Innenbauteile sind sie zu beachten. Zwar besteht dann nicht mehr die Forderung nach Vakuumdichtigkeit, doch ist manche andere, nicht weniger harte Bedingung zu erfüllen. Man denke z. B. daran, daß Kathoden bei hohen Temperaturen hergestellt und betrieben werden und daß im Innern eines Vakuumgefäßes Verlustleistungen auftreten, die auch an anderen Bauteilen Temperaturerhöhungen bewirken. Je kleiner man die Gefäße halten muß, um so höhere Temperaturen werden bei gleichen Verlustleistungen entstehen.

Allgemein geht die Entwicklung dahin, daß trotz Verkleinerung größere Leistung aufzunehmen ist, was nicht allein durch bessere Wärmeleitung verwirklicht werden kann. Man muß auch erhöhte Temperaturen des Bauelementes zulassen und neben der Wärmeleitung auch die dann ins Gewicht fallende Wärmeabstrahlung zu Hilfe nehmen. Dies erfordert die Verwendung von hochhitzebeständigen Materialien, die wiederum untereinander ebenso hitzebeständig und damit bei sehr hoher Temperatur verbunden sein müssen. Das heißt aber, daß jetzt eventuelle Ausdehnungsunterschiede über so hohe Temperaturbereiche hinweg zu überbrücken sind, daß sehr wohl die Frage der Anpassung eine Rolle spielt.

Ebenso wie bei den letzten Abschnitten soll auch hier nicht versucht werden, eine Vielzahl von Einzelfällen geschlossen zu behandeln. Es sollen vielmehr Beispiele diskutiert werden, die über das Bisherige hinaus zusätzliche Hinweise geben können.

Der erste Komplex betrifft Spanngitter. Diese haben schon im Röhrenbau einen großen Fortschritt gebracht und scheinen auch für andere höchst kritische Anwendungen prädestiniert zu sein.

Wir wollen unter Gittern — über die übliche Definition hinausgehend — Gebilde verstehen, mit deren Hilfe der Strom eines Teilchenstrahls in seiner Intensität beeinflußt werden soll, aber auch Instrumente zur Registrierung der Stromverteilung in der Gitterfläche. Glüht beispielsweise ein senkrecht zur Strahlrichtung eingebrachtes feines Gitter an verschiedenen Stellen verschieden stark auf, dann gibt dies Aufschluß über die Intensitätsverteilung im Strahl. Diese recht grobe Anzeige muß gegebenenfalls bis zu so schwachen Intensitäten verfeinert werden, daß die einzelnen Gitterdrähte voneinander isoliert sein müssen und an jedem einzelnen gemessen werden kann.

Je höher die Ansprüche an Selektion gestellt werden, umso mehr müssen die geometrischen Abmessungen bis in kleinste Dimensionen beherrscht werden. Die schon bald bei den normalen Herstellungs-

methoden sichtbaren Grenzen konnten durch ein neues Konstruktions-
prinzip [2.38] weit hinausgeschoben werden, so daß man dem idealen
— dem „virtuellen" — Gitter, das nicht die Schwächen des wirklichen
Gitters haben sollte, einen guten Schritt näher kam. Wir nennen
solche Gitter Spanngitter. Wie der Name schon sagt, besteht es aus
einem Rahmen, auf dem die Gitterdrähte wie Saiten aufgespannt sind
(Bild 38). Dies wird dadurch erreicht, daß der Draht bei der Herstellung des Gitters unter entsprechendem Zug steht. Wie groß diese
Vorspannung sein soll, richtet sich nach der späteren Verwendung.

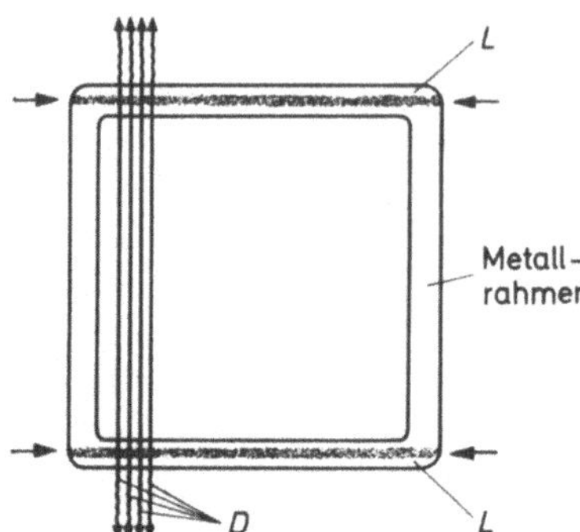

Bild 38. Prinzipbild des Spanngitters.
Zwischen den Lötzonen *L* stehen die
Gitterdrähte *D* unter hohem mecha-
nischen Zug.

Das Zusammenspiel zwischen dem tragenden Rahmen und dem Gitterdraht muß richtig abgestimmt sein; auch dies ist ein Anpassungs
problem.

Es sollen zwei Fälle unterschieden werden. Bei der Verwendung von
Gittern, wie sie in der Elektronenröhre betrieben werden, muß man
eine Erhitzung der Gitterdrähte zulassen, ohne daß der tragende
Rahmen in gleicher Weise heiß wird. Der Gitterdraht dehnt sich damit
u. U. mehr aus als der Rahmen. Er würde völlig entspannt, wenn nicht
durch die Vorspannung der Draht um den Betrag Δl_1 (innerhalb der
Elastizitätsgrenzen des Materials) gereckt worden wäre, der größer ist
als der Betrag Δl_2, der durch die unterschiedliche Wärmeausdehnung
von Rahmen und Draht frei wird.

Die andere Verwendungsart, die einmal eine Rolle spielen kann, ist
der Betrieb bei Umgebungstemperatur. Hierbei dürfen Zimmertem-
peraturen weder gar zu weit über- oder unterschritten werden, noch
Verlustleistungen auftreten, die Rahmen oder Draht verschieden erwärmen. Für diesen Fall kann etwa die bei Zimmertemperatur vorhandene Drahtspannung für die Wirkungsweise maßgeblich sein.

Die erste Nebenbedingung, die zu beachten ist, besteht in der hohen
Genauigkeit und in der Verwendung möglichst dünner Drähte in eng-
stem Abstand. Die Gitterdrähte können damit nicht einzeln — von

Draht zu Draht fortschreitend wie z. B. beim Punktschweißen — befestigt werden, ganz abgesehen davon, daß die lokal sehr hohe Temperatur im letzteren Fall zu einer Umkristallisation und zu einer Entspannung führen würde. Die Befestigung muß vielmehr für alle Drähte gleichzeitig bei einer Temperatur erreicht werden, bei der in der aufzuwendenden Zeit keine ins Gewicht fallende Rekristallisation stattfindet.

Bei Elektronenröhren hat man dafür entweder ein aufgestrichenes Glaslot zum Fließen gebracht oder für anspruchsvollere Anwendungen zum bewährten Lötprozeß gegriffen. Gold ist dafür ein Lot an der oberen Temperaturgrenze der Verwendbarkeit.

Ganz abgesehen vom Kristallgefüge und seiner eventuellen Änderung gilt auch hier wieder, daß je höher der Temperaturbereich ist, der beim Löten zu überbrücken ist, um so genauer die Anpassung sein muß. Wenn man somit das Verlöten bei Aufheizen des gesamten Gitters vornimmt, ist es sicher am einfachsten, Rahmen und Draht aus dem gleichen Material herzustellen, und es wird sogar auf die Textur zu achten sein. Nähme man aber z. B. einen mit Wolframdraht bespannten Molybdänrahmen, dann würde die Drahtspannung beim Abkühlen sehr nachlassen, weil der sich stärker ausdehnende Rahmen, der beim Löten auf gleicher Temperatur wie der Draht ist, sich auch wieder stärker zusammenzieht.

Im folgenden mögen einige kleine Überschlagsrechnungen die Zusammenhänge erhellen. Die Streckgrenze eines Stoffes — bei spröden Metallen in grober Annäherung gleich der Zugfestigkeit — ist der größte Zug, welcher noch innerhalb des elastischen Bereiches angewandt werden kann und somit keine bleibende Änderung hinterläßt. Innerhalb dieses elastischen Bereiches ist der Zusammenhang zwischen Zug und Dehnung durch die Beziehung

$$\frac{\Delta l}{l} = \frac{P}{E}$$

gegeben (Hookesches Gesetz). Dabei ist E der Elastizitätsmodul, P der senkrecht zum Querschnitt ausgeübte Zug, beide in der Einheit N/mm². Wenn man ein Gitter wie in Bild 39 verlötet, kann für Rahmen und Draht im Augenblick des Lötens z. B. eine Temperatur von 1100 °C angenommen werden. Dabei beträgt die Zugfestigkeit noch 40% des Kaltwertes (Bild 41). Aus Schwankungs- und Sicherheitsgründen geht man auch bei der Kaltfestigkeit (Bild 40) nicht bis an die Grenze, sondern vielleicht nur bis zu 70%. Ein Draht mit 100 µm Durchmesser läßt somit bei 1100 °C eine Zugspannung von $0{,}4 \cdot 0{,}7 \cdot 3000$ N/mm² = = 840 N/mm² zu. Der Elastizitätsmodul ist mit etwa 360 000 N/mm² anzunehmen, so daß $\Delta l/l = 840/360\,000 = 2{,}3 \cdot 10^{-3}$ wird.

Andererseits ergibt sich, wenn man aus Bild 30 die Werte für Molybdän und Wolfram entnimmt und wie in Bild 25 verfährt, für Zimmertemperatur $\Delta l/l = 1{,}5 \cdot 10^{-3}$, so daß bei einem Gitter von z. B. 30 cm

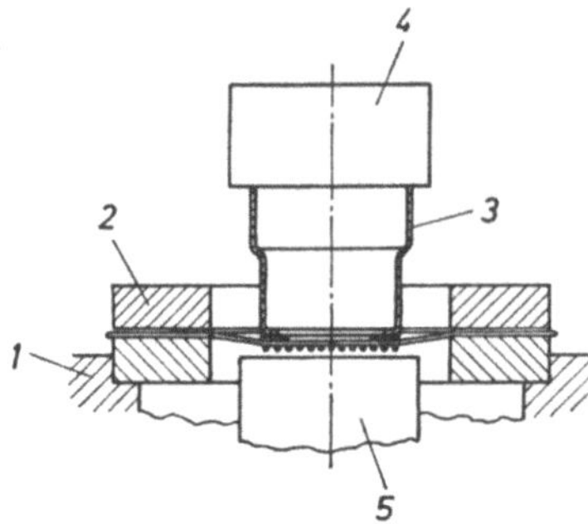

Bild 39. Vorrichtung zum Verlöten von Gitterdraht und Rahmen bei ebenen Spanngittern. Es ist angedeutet, daß es sich in diesem Fall um ein Kreuzspanngitter handelt. *1* Aufnahme, *2* Lötrahmen mit festgeklemmten Drahtlängen, *3* Gitterträger mit zwecks Anpassung der Ausdehnung aufgesetztem Wolframring, *4* Gewicht, *5* Heizplatte (nach [2.40]).

lichter Öffnung noch $0{,}3\ \mathrm{m} \cdot (2{,}3-1{,}5) \cdot 10^{-3} = 0{,}2$ mm für eventuell auftretende Deformationen bis zur vollständigen Entspannung zur Verfügung stünden. Man kann in diesem Fall kaum mehr von Spanngitter reden; schon eine geringe Erwärmung der Drähte würde zur vollen Lockerung führen, und selbst wenn keine Erwärmung stattfindet, wird die Eigenfrequenz der Gitterdrähte, die oft eine wesentliche Rolle spielt, sehr tief.

Für diese Eigenfrequenz gilt[9]

$$f = \frac{1}{2l}\sqrt{\frac{P}{\varrho}} = \frac{1}{2l}\sqrt{\frac{\Delta l}{l}\frac{E}{\varrho}}.$$

Bei $\Delta l/l = (2{,}3-1{,}5) \cdot 10^{-3} = 0{,}8 \cdot 10^{-3}$ ergäbe sich theoretisch mit $\varrho = 19\ \mathrm{g/cm^3}$ bei 30 cm Spannlänge $f = 204\ \mathrm{s^{-1}}$. Bei einem Spanngitter für Elektronenröhren mit einem Draht von $10\,\mu\mathrm{m}$ Durchmesser und 10 mm Länge, bei 800 °C unter voller Ausnutzung der Warmzugfestigkeit gelötet, könnten die Drähte beim Löten unter einem Zug von $0{,}45 \cdot 5500\ \mathrm{N/mm^2} = 2450\ \mathrm{N/mm^2}$ stehen. Dabei wäre $\Delta l/l = 2450/360\,000 = 6{,}7 \cdot 10^{-3}$, was eine Eigenfrequenz von 17 000 Hz ergäbe. Tatsächlich hat man bei solchen Gittern Resonanzfrequenzen von über 10 000 Hz verwirklicht[10].

Mit Wolframdraht und Wolframrahmen werden die für Scheibenröhren bevorzugten ebenen Gitter auch als Kreuzspanngitter herge-

---

[9] P ist dabei die Spannung des Drahtes, ϱ seine Dichte und l die Spannlänge. Man findet auch im Zähler der Wurzel die spannende Kraft K, im Nenner die Masse der Längeneinheit. Hat der Draht den Querschnitt F, dann ist $K = PF$ und die Masse der Längeneinheit ϱF, was wieder den obigen Zusammenhang ergibt. Nur wenn unklar ist, ob unter Spannung eine Kraft oder ein Zug verstanden ist, kann Verwirrung entstehen.

[10] Über die Art der Messung solcher Resonanzfrequenzen siehe z. B. den zusammenfassenden Bericht [2.29].

stellt [2.40]. Bild 39 zeigt, auf welche Art die richtige Drahtspannung eingestellt, beim Löten aufrechterhalten und wie der Lötprozeß durchgeführt wird. Dies gibt schon einen Hinweis darauf, daß für Gitter sehr großer Ausdehnung und zum Betrieb bei Umgebungstemperatur zusätzliche Möglichkeiten bestehen.

Nehmen wir dazu an, ein Rahmen nach Bild 38 habe eine Abmessung von z. B. 30 × 30 cm. Auf einen Hilfsrahmen mit vielleicht 40 × 40 cm Öffnung wird auf einer Maschine zunächst ein Gitter exakter Steigung gewickelt und der spätere endgültige Rahmen in ähnlicher Weise gestellt und belastet wie in Bild 39 angegeben. Wegen der großen Abmessung können jetzt jedoch an den in Bild 38 durch Pfeile markierten Stellen zwei längsgestreckte Öfen kurzzeitig wirksam werden, so daß sich weder die den Abstand bestimmenden Teile des Rahmens noch die Gitterdrähte merkbar erwärmen, bis das Lot zum Fließen kommt und schnell wieder abkühlt.

Auch bei derartigen Gittern ist darauf zu achten, daß das Material für die den Abstand bestimmenden Teile des Rahmens in seiner Ausdehnung zu der des Drahtes abgestimmt ist. Denn jedes Vakuumgefäß, das definierten Betrieb zulassen soll, muß sauber und damit ausheizbar sein. Bei größerer Ausdehnung des Rahmens würden die schon vorgespannten Drähte noch mehr gespannt, überdehnt oder gar reißen. Umgekehrt spielt ein Entspannen keine Rolle, da es beim Abkühlen wieder rückgängig gemacht wird.

Am geeignetsten für alle oben erwähnten Beanspruchungen ist Wolfram, wenn auch andere Materialien insbesondere für die zuletzt erwähnte Anwendung in geeigneter Kombination in Erwägung gezogen werden können. In den Bildern 40 und 41 sind deswegen die in ausreichender Vollständigkeit vorliegenden Daten für die Zugfestigkeit von Wolframdraht in Abhängigkeit vom Durchmesser[11] sowie die Änderung der Zugfestigkeit mit der Temperatur angegeben.

Sollen Gitter so betrieben werden, daß Spannrahmen und gespannter Draht gleiche Temperatur haben, und sind die Ausdehnungen so abgestimmt, daß diese Temperatur sehr hoch liegt, dann muß nicht nur auf die Rekristallisation, sondern auch darauf geachtet werden, daß das Lot nicht verdampft. Es kann somit sinnvoll sein, ein Lot mit hohem Schmelzpunkt zu verwenden. Da jedoch andererseits beim Lötprozeß selbst Vorsicht mit der Temperatur geboten ist, würden sich hochschmelzende Materialien verbieten. Die Kombination zweier Stoffe jedoch kann beide Anforderungen gleichzeitig befriedigen. So bilden z.B. Nickel und Titan bei 955 °C eine flüssige Phase, die als Lot benutzt werden kann.

---

[11] Aus Druckschriften der Firma Lumalampan, AB, Stockholm.

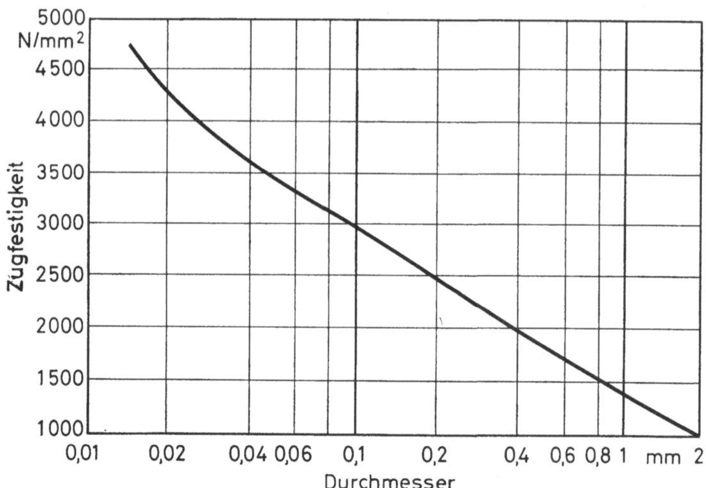

Bild 40. Zugfestigkeit von Wolframdrähten in Abhängigkeit vom Durchmesser. Ein Beispiel dafür, wie wenig Materialeigenschaften durch eine einzige Zahl auszudrücken sind.

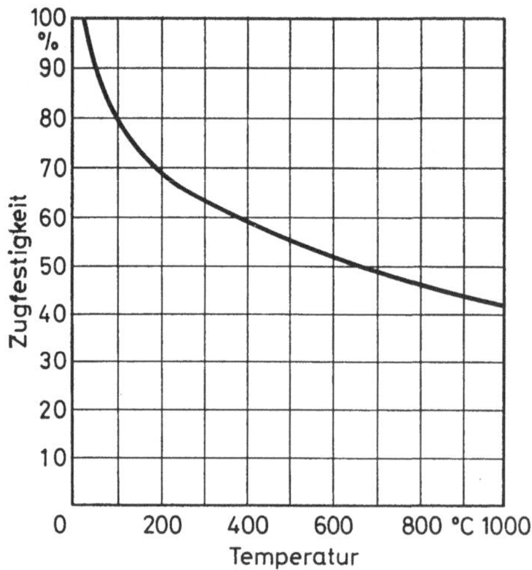

Bild 41. Abhängigkeit der Zugfestigkeit von Wolframdraht von der Temperatur.

Das zweite Beispiel, das keiner so ausführlichen Behandlung bedarf, zeigt für viele andere Fälle, wie mit geeigneter Temperaturführung richtige Anpassung und konstruktive Hilfe erbracht werden können. Eine kleine Scheibentriode wäre besonders sinnvoll aufzubauen (Bild 42), wenn das Kreuzspanngitter beim endgültigen Zusammenfügen zwischen dem Kathoden- und Anodenteil nur eingeklemmt werden würde. Das Vertrauen zu solcher Aufbauart konnte jedoch nicht sehr groß sein: Der geringe Abstand von nur 20 μm zwischen Kathode und Gitterfläche hätte durch ein lockeres Gitter untragbar geschwankt, und eine definierte Bahn für die Hochfrequenzströme wäre nicht vorhanden gewesen.

Sorgt man jedoch dafür, daß bei der Verlötung von Teil *1* und Teil *2* nicht beide Teile auf gleicher Temperatur sind, sondern Teil 1 auf größerer Länge heißer als Teil *2* ist, dann wird beim Abkühlen das

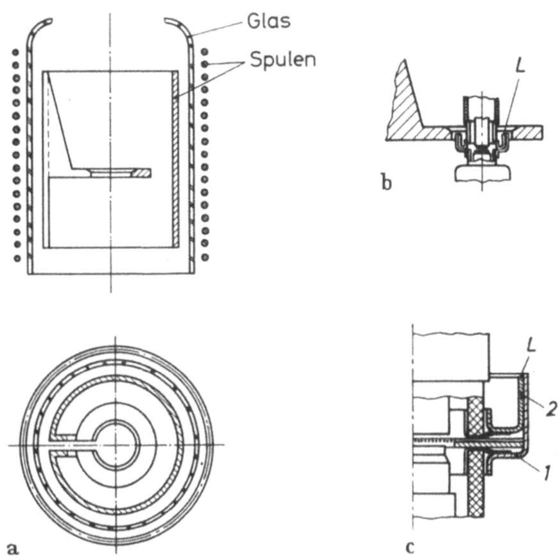

Bild 42. a) Löteinrichtung mit Hochfrequenzkonzentrator; b) Anpassungsgerechtes Löten damit; c) Einzelheiten.

Gitter mit derartiger Kraft zwischen Teil *1* und Teil *2* eingeklemmt, daß sich dort die berührenden, in Gestaltung und Sorte geeignet ausgewählten Stoffe später miteinander verschweißen. Um diese Temperaturführung zu verwirklichen, wird so schnell erhitzt, daß bis zum Fließen des Lotes das abgeschirmte Teil *2* nur an der äußeren Kante wesentliche Energie aufnimmt, Teil *1* jedoch über eine größere Fläche kurz aufglüht. Die Aufheizung findet mit Hochfrequenz statt, die an der gewünschten Stelle so konzentriert zugeführt wird (Konzentrator), daß die Lötung mit Silber–Kupfer-Eutektikum in wenigen Zehntelsekunden durchgeführt ist [2.33].

2.2. Verbinden

2.2.1. Löten

Nach DIN 8505 ist Löten allgemein definiert „als ein Verfahren zum Vereinigen metallischer Werkstücke mit Hilfe eines geschmolzenen

Zusatzmetalls, dessen Schmelztemperatur unterhalb derjenigen der Grundwerkstoffe liegt. Die Grundwerkstoffe werden benetzt, ohne geschmolzen zu werden". Nur wenn das Lot bindet, kann dauernde Haltbarkeit zustande kommen, und dazu ist notwendig, daß es in ganz innigen Kontakt mit den zu verlötenden Teilen kommt. Beim Weichlöten[12] verwendet man deshalb Flußmittel, etwa das Blei–Zinn-Lot mit Kolophoniumseele, mit dem Kupferdrähte verbunden werden.

Daß man als Lot eine Legierung zweier Metalle verwendet, hat weitergehende Bewandtnis. Beispielsweise wäre das ganz plötzliche Erstarren eines reinen Metalls für viele Anwendungen unerwünscht. Man schätzt es vielmehr, wenn ein Weichlot beim Abkühlen über einen zunehmend zäher werdenden „Brei" in festen Zustand übergeht. Mit der Zusammensetzung der Legierung kann dieser Bereich variiert und auf die jeweilige Anwendung abgestimmt werden.

Es ist also wichtig, das Verhalten von Legierungen zu kennen, zumal die meisten Lötprozesse unter deren Verwendung durchgeführt werden. Noch weit wichtiger wird dies für das Hartlöten. Während eine tiefergehende Reaktion von Lot und Metallteilen beim Weichlöten nur selten in Erwägung gezogen werden muß, können solche Reaktionen bei den höheren Temperaturen des Hartlötens ablaufen und zu Komplikationen führen. Im folgenden soll deshalb zunächst auf das Verhalten solcher Mehrstoffsysteme — wenn sie aus nur zwei Komponenten zusammengesetzt sind, nennt man sie binär — eingegangen werden.

Ein solches binäres System stellt z. B. die Mischung aus den Komponenten Silber und Kupfer dar. Silber schmilzt[13] bei rund 961 °C, Kupfer bei 1083 °C. Ist die Temperatur höher als 1083 °C, dann schmilzt auch die Mischung. Diese ist homogen, d. h. Kupfer und Silber sind in der Schmelze vollkommen ineinander löslich. Man sagt auch, die Schmelze besteht aus einer einzigen Phase. Dies bringt zum Ausdruck, daß aus dieser Schmelze nichts durch irgendwelche physikalischen Methoden abgetrennt werden kann.

Was passiert, wenn 1083 °C unterschritten werden? Das diesbezügliche Verhalten läßt sich nicht voraussagen, es muß Gegenstand von ausgedehnten Untersuchungen sein (Abschreckmethode mit anschließender Analyse, Hochtemperaturröntgenographie, Thermoana-

---

[12] Ein Lötprozeß, der unterhalb einer bestimmten Temperatur durchgeführt wird, wird als Weichlöten, darüber als Hartlöten bezeichnet. Als abgrenzende Temperatur kann man sowohl 450 °C als auch 600 °C angegeben finden.

[13] Die hier zu betrachtenden Daten werden von dem Außendruck so wenig beeinflußt, daß wir sie sowohl bei Normaldruck als auch im Vakuum als gültig ansehen können.

lyse). Das Ergebnis wird in einem Zustandsschaubild[14] dargestellt; in Bild 43 ist ein solches für das System Silber mit Kupfer wiedergegeben.

In einem Zustandsdiagramm werden die Existenzbereiche der Phasen oder Phasengemische in Abhängigkeit von der Temperatur und dem jeweiligen Anteil der beiden Komponenten — hier Kupfer und Silber — angegeben. Die Zusammensetzung ist auf der Abszisse jeweils so aufgetragen, daß sich die Einzelanteile zu 1 bzw. 100% ergänzen. Worauf man diese Verhältniszahlen bezieht, ist von Fall zu Fall verschieden. Es kann die gesamte in den Tiegel eingebrachte Menge sein, dann nennt man dies die Gesamtkonzentration; es können aus der Gesamtmenge aber auch einzelne Phasen entstehen, deren Zusammensetzung zu untersuchen ist. Die Komponenten in jeder einzelnen Phase ergänzen sich ebenfalls zu 1 oder 100% (Konzentration einer Komponente in einer Phase).

Die Angaben können sowohl in Molanteilen (Atomprozente) oder — wie meist für technische Zwecke — in Gewichtsprozenten gemacht werden. Enthält eine Legierung g_A g des Stoffes mit dem Atomgewicht A und damit $(100 - g_A)$ g des Partnerstoffes mit dem Atomgewicht B, dann besteht sie aus $[g_A/A + (100 - g_A)/B]$ Molen. Der Bruchteil in Atomprozenten a_A und a_B der Stoffe mit dem Atomgewicht A und B ist

$$a_A = 100 \cdot g_A/A \left/ \left(\frac{g_A}{A} + \frac{100 - g_A}{B} \right), \right.$$

$$a_B = 100 \cdot \frac{100 - g_A}{B} \left/ \left(\frac{g_A}{A} + \frac{100 - g_A}{B} \right). \right.$$

Aus diesen Beziehungen können Gewichtsprozente in Atomprozente und umgekehrt umgerechnet werden.

Wir gehen jetzt davon aus, daß feststehende Mengen in den Schmelztiegel eingegeben werden. Diese eingegebenen Mengen werden — wie gesagt — als Gesamtkonzentration bezeichnet. Für den Punkt *1* im Phasendiagramm (Bild 43) sind dies 26% Cu und 74% Ag. Bei 800 °C liegt die gesamte eingebrachte Menge in geschmolzener, einheitlicher Form vor. Erst wenn die sogenannte Liquiduslinie *CED* unterschritten, d. h. wenn für eine bestimmte Zusammensetzung die Temperatur nicht mehr hoch genug gewählt wird oder wenn für eine bestimmte Temperatur nicht die richtige Zusammensetzung vorliegt, wird der Tiegelinhalt uneinheitlich. Für Punkt *2* beispielsweise reicht

---

[14] Das Zusammenspiel zweier Metalle in binären Systemen ist je nach Mischbarkeit sehr vielgestaltig. Hier kann lediglich mit wenigen typischen Beispielen auf das Verhalten ganz unmittelbar interessierender Legierungen eingegangen werden. Zustandsdiagramme spielen darüber hinaus auf vielen Gebieten der Werkstoffkunde eine wichtige Rolle.

die Temperatur von 800 °C nicht mehr aus, die Zusammensetzung aus 10% Cu und 90% Ag in eine einzige, flüssige Phase zu bringen. In der Schmelze aus Kupfer und Silber befinden sich jetzt kristallisierte Keime aus Silber mit einem solchen Anteil an Kupfer, wie es in fester Form bei 800 °C in Silber löslich ist. Erst bei 885 °C würden diese Keime wieder vollkommen in Lösung gehen.

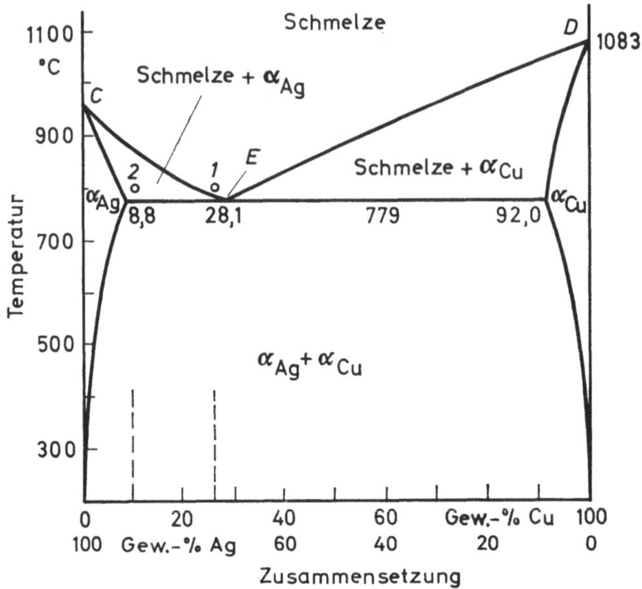

Bild 43. Zustandsschaubild des binären Systems Ag–Cu. Als Abszisse ist der Gewichtsanteil von Kupfer aufgetragen. Ergänzung dieses Anteils auf *1* oder auf 100% ist der Anteil an Silber. Ganz links mit 100% Silber und ganz rechts mit 100% Kupfer stehen somit die reinen Komponenten. α_{Ag} heißt, daß es sich um Mischkristalle aus Silber mit kleinem Anteil Kupfer, α_{Cu}, daß es sich um solche aus Kupfer mit einem geringen Anteil Silber handelt.

Es ist weiter festzustellen, daß bei Zugabe von Kupfer — obwohl es höher schmilzt als Silber — der Schmelzpunkt zunächst unter den von Silber absinkt, bei bestimmter Menge einen tiefsten Punkt erreicht, dann ansteigt und schließlich den Kupferschmelzpunkt erreicht.

Eine Parallele dazu ist die bekannte Gefrierpunkterniedrigung, wie sie bei Lösungen in Erscheinung tritt. Werden z.B. etwa 50 g Kochsalz in 1 l Wasser gelöst, dann ist der Gefrierpunkt dieser Lösung −3,4 °C, d. h. bei dieser Temperatur sind erste Eiskristalle feststellbar. Zwischen ihnen und der Lösung besteht ein Gleichgewicht, das sich nicht ändern würde, wenn die Temperatur bei −3,4 °C stehen bliebe. Kühlt man weiter ab, so bilden sich neue Eiskristalle, die restliche Lösung wird an Kochsalz reicher, weil sie an Wasser ärmer wird. Jetzt besteht Gleichgewicht zwischen konzentrierterer Lösung und Eis bei tieferer Temperatur. Z.B. messen wir mit dem Thermometer in der Lösung −6,9 °C, wenn ihre Konzentration doppelt so groß ist. Schließlich wird die Lösung so konzentriert, daß bei weiterer Abkühlung neben Eis auch Kochsalz ausgeschieden wird; es ist dies bei —21,1 °C der Fall. Sinkt die Temperatur auch nur wenig unter diesen Punkt, dann erstarrt der ganze Rest der Lösung zu Eis und kristallisiertem Kochsalz, zu einem sogenannten eutektischen Gemenge. Die zugeordnete Temperatur heißt eutektische Temperatur oder Tripelpunkt, weil hier die drei Phasen Eis, Lösung und kristallisiertes Kochsalz im Gleichgewicht stehen.

Wenn man den zeitlichen Verlauf der Temperatur, die die Lösung annimmt, aufzeichnet, so stellt man fest, daß sie zunächst in glatter Kurve monoton absinkt bis zu dem Moment, wo sich die ersten Eiskristalle bilden. Von da an verläuft die Kurve weniger steil. Sie hat einen Knick bekommen, weil durch das sich zu Eis kristallisierende Wasser laufend Wärme frei wird, im gleichen Betrag wie er zum Schmelzen der Eiskristalle notwendig ist. Erst von der eutektischen Temperatur an, hört diese Verlangsamung auf. Das Abknicken der Kurve ist ein Kriterium dafür, daß in der Lösung „etwas passiert".

Das gleiche ist der Fall, wenn Kupfer- oder Silberkristalle aus einer Silber–Kupfer-Schmelze ausgeschieden werden. Auch sie setzen Wärme frei und wirken der Außentemperatur entgegen, sie erniedrigen den Gefrierpunkt[15]. Von reinem Silber ausgehend läuft die Liquiduslinie auf den Punkt E zu, von reinem Kupfer ausgehend ebenfalls, denn bei diesem Punkt hat ja die Legierung in beiden Fällen diejenige (gleiche) Zusammensetzung, bei der bei geringer Temperaturerniedrigung die Schmelze verschwindet. E ist der Tripelpunkt, die eutektische Zusammensetzung ist 71,9% Ag und 28,1% Cu, die Schmelz- oder Erstarrungstemperatur 779 °C.

Nun wollen wir von der Schmelze ausgehen und abkühlen (Bild 44a, Punkt 3). In den Schmelztiegel sind 60% Cu und 40% Ag eingegeben, die Konzentration an Kupfer sei mit C_0 bezeichnet. Die Temperatur sei mit 1100 °C zunächst so hoch gewählt, daß nur eine einzige Phase, die Schmelze, vorliegt. Wird sie jetzt abgesenkt, dann bleibt dieser flüssige Zustand solange erhalten, bis bei 915 °C die Liquiduslinie er-

---

[15] Die Abhängigkeit der Schmelztemperatur der Komponente A bei Zugabe der Komponente B wird durch

$$\frac{1}{T_x} = \frac{1}{T_s} - \frac{R \ln x_A}{\varDelta H_s}$$

ausgedrückt. Dabei ist T_s die Schmelztemperatur der reinen Komponente A, T_x die Schmelztemperatur der Legierung mit B; ihre Zusammensetzung wird durch den Molenbruch x_A gegeben. $\varDelta H_s$ ist die Schmelzwärme der reinen Komponente A. Wird x_A kleiner, also der Anteil an B größer, wird auch T_x kleiner (Schmelzpunkterniedrigung). Die Gleichung gilt exakt nur bei geringer Konzentration an B.

reicht wird. Von hier an wird die bis jetzt einheitliche Schmelze in
zwei Phasen aufgespalten, in die Schmelze und in die sich ausscheiden-
den, in der Schmelze schwimmenden Kupferkristalle (mit gelöstem
Silber in sich). Nach wie vor liegt die insgesamt eingegebene Menge mit
60% Cu und 40% Ag vor, doch durch das sich aus ihr ausscheidende
Kupfer wird die Schmelze weniger und silberreicher. Bei weiterem Absenken der Temperatur bewegt sich ihre Zusammensetzung entlang
der eingezeichneten Liquiduslinie zum Punkt E hin. Man kann dies
etwa so feststellen, daß man verschiedene Gesamtkonzentrationen in
den Tiegel einbringt und feststellt, bei welcher Temperatur sich erste
Kristalle ausscheiden.

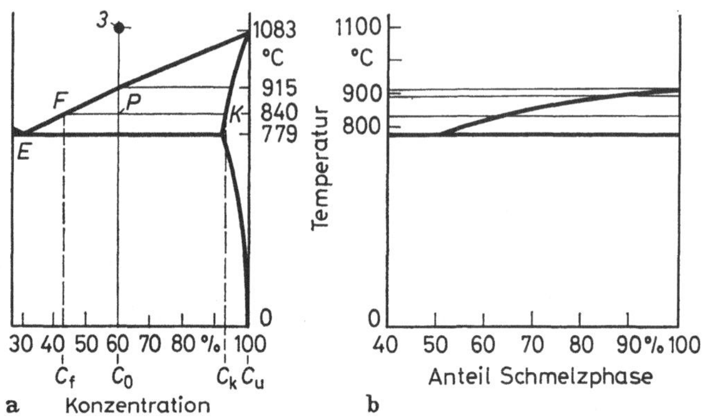

Bild 44. a) Berechnung der Phasenanteile über die Hebelbeziehung; b) Anteil an Schmelzphase bei
verschiedenen Temperaturen bei einer Gesamtkonzentration C_0.

Mit der Temperaturabsenkung seien wir jetzt bei 840 °C angekommen. Das entspricht im Zustandsdiagramm Bild 44a dem Punkt P.
Die Kupferkonzentration der Schmelze werde mit C_f bezeichnet; die
Schmelze (Punkt F) besteht aus 43% Cu und 58% Ag. Über die Zusammensetzung der Kupferkristalle (mit Silberanteil) gibt die andere
Phasengrenze Aufschluß. Dazu muß ermittelt werden, welche Zusammensetzung von Kupfer und Silber gerade bei 840 °C vollkommen
kristallisiert. Es ist dies der Fall mit 8% Ag und 92% Cu. Diese
Kupferkonzentration sei C_k.

Aus diesen Konzentrationen können nun auch die Mengen von
Schmelze und von Kristallen berechnet werden. Der Gewichtsanteil
der Schmelze sei m_f, der Gewichtsanteil der in ihr schwimmenden
Kristalle m_k, dann muß $m_k = 1 - m_f$ sein, denn einzig und allein
aus diesen zwei Phasen besteht das ganze im Schmelztiegel vorhandene
Material. Somit ist mit $C_0 = m_f\,C_f + m_k\,C_k$

$$\frac{m_k}{m_f} = \frac{C_f - C_0}{C_0 - C_k}.$$

Die Mengen der zwei Phasen verhalten sich also wie die von ihnen entfernten Hebelarme auf der sogenannten Konode FPK, mit dem Punkt P als Drehpunkt. Bild 44b zeigt die Menge der Schmelzphase bei der Gesamtkonzentration C_0 in Abhängigkeit von der Temperatur, die unser Zweistoffsystem hat. Ganz knapp oberhalb des eutektischen Punktes liegen 50% des eingebrachten Kupfers in geschmolzener Form vor und 50% in α_{Cu}, d. h. in Kupferkristallen, die einen Gewichtsanteil von knapp unter 10% Ag haben. Die Zusammensetzung, die Konzentration der Schmelze ist dabei knapp über 28,1% Cu und ca. 71,9% Ag.

Die Temperatur, bei der beim Hochheizen alle Kristallkeime gerade verschwinden oder beim Abkühlen die ersten gerade entstehen, ist bei dem eingegebenen Gemisch 915 °C. Beim Erreichen der eutektischen Temperatur (779 °C) geht auch die mit noch einem Mengenanteil von 50% des eingegebenen Kupfers vorhandene Schmelze plötzlich in den festen Zustand über. Neben den schon in ihr vorhandenen Kristallen scheiden sich α_{Ag} (mit 8,8% Cu) und weitere α_{Cu}-Kristalle in feinster Mischung ab.

Es ist bis hierher versucht worden, von diesem höchst wichtigen Verhalten von Legierungen soviel zu beschreiben, wie es zum Verständnis der beim Löten sich abspielenden Vorgänge notwendig ist.

Stellt man z.B. eine Legierung her, indem man als Ausgangsmaterial in den Schmelztiegel 71,9% Ag und 28,1% Cu gibt, dann liegt eine eutektische Mischung vor. Als Lot muß diese Legierung zusammen mit den zu verlötenden Teilen auf knapp 779 °C erhitzt werden, damit sie — und das geschieht dann plötzlich — vollständig flüssig wird. Bestehen diese Teile aus Materialien, die selbst nicht schmelzen und die sich nicht im Silber–Kupfer-System lösen, dann kann ohne Gefahr auch lange Zeit auf noch höhere Temperatur erhitzt werden. Doch sehr häufig besteht zumindest eines der zu verlötenden Teile aus Kupfer. Wird jetzt beim Löten eine zu hohe Temperatur, z.B. längere Zeit 1000 °C gewählt, dann löst sich weiteres Kupfer in der Silber–Kupfer-Schmelze, ihre Gesamtzusammensetzung wandert von der eutektischen Mischung im Zustandsdiagramm nach rechts hin weg. Selbst bis zu einer Gesamtkonzentration von 80% Cu und 20% Ag liegt noch eine einheitliche Schmelze vor. Nach dem Abkühlen können dann durchaus gewisse Bezirke eines häufig sehr dünnen Kupferteils völlig verschwunden sein[16]. Man soll also Temperaturen nicht unnötig oder möglichst nur kurze Zeit erhöhen (Kurzzeitlötung), wenn möglich beides.

Bei Verwendung einer nicht eutektischen Mischung z.B. von 60% Cu und 40% Ag benötigt man zur sicheren vollständigen Verflüssigung

---

[16] 1 g Eutektikum, eine Menge, wie sie leicht benötigt wird, enthält 0,719 g Ag. Nach obigem Lötprozeß, der zur Zusammensetzung 80% Cu und 20% Ag führt, würde diese Silbermenge zur zusätzlichen Lösung von rund 2,6 g Cu ausreichen.

mindestens 915 °C. Beim Aufheizen bis zu dieser Temperatur wird ein Schmelzintervall durchlaufen, bei dem flüssige Phase in einer Menge von 50% schon ab 779 °C vorhanden ist. Bei 915 °C, bei der Temperatur, bei der man alles geschmolzen wähnt, besteht jedoch noch eine flüssige Phase bis zu einer Gesamtkonzentration von 95% Cu. Da man zum Durchlaufen eines Schmelzintervalls Zeit benötigt, weil die zu verlötenden, möglicherweise schweren Teile die Wärme nur träge aufnehmen, wird beim Verlöten von Kupferteilen laufend weiteres Kupfer gelöst, was wiederum zur Folge hat, daß man auch bei 915 °C noch nicht in den Bereich reiner Schmelze kommt und deshalb höher und höher erhitzen muß. Dabei sind Mißerfolge kaum zu vermeiden.

Oft ist man gezwungen, mehrere Teile in einzelnen Gruppen zu vereinigen und dann diese Gruppen untereinander zu verbinden. Dabei darf bei jeder folgenden Lötung keine Temperatur mehr angewendet werden, bei der die vorhergehende Lötung erweicht. Eine solche Erweichung würde zumindest die genaue Einjustierung der gelöteten Teile zueinander zerstören. Für solche Zwecke müssen die verwendeten Lote aufeinander abgestimmt sein, d. h. jedes vorhergehende Lot muß einen höheren Schmelzpunkt als das nachfolgende haben. Aus verschiedenen Gründen, z.B. auch dem, daß der Dampfdruck der verwendeten Lotmaterialien bis zu höheren Temperaturen klein bleiben soll, hat man mit unterhalb 780 °C (Kupfer–Silber-Eutektikum) schmelzenden Kombinationen nur noch wenig Auswahl. Die Verwendung von Indium, das einen bemerkenswert kleinen Dampfdruck hat, bringt hier einige Erleichterung, doch ist es immer vorteilhaft, wenn die Verwendung von Kupfer–Silber-Eutektikum für den letzten Lötprozeß noch nicht „verbaut" ist. Schlecht wäre es, als höher schmelzendes Lot 60% Cu und 40% Ag zu empfehlen, um die folgende Lötung mit Kupfer–Silber-Eutektikum durchführen zu können. Bei 779 °C ist auch das „höher schmelzende" Lot mit 50% seines Kupferanteils flüssig.

Um das Spektrum der Lote zu erweitern, sind Dreistoffsysteme zur Anwendung gekommen. Vor allem die Kombinationen mit Silber, Kupfer und Palladium werden häufig verwendet. Der Abstand zwischen Liquidus- und Soliduslinie ist bei ihnen so klein, daß sich der Lötprozeß in engem Temperaturbereich abspielen kann. In Tabelle 7 sind einige für unsere Anwendungen interessante Lote für einen mittleren Temperaturbereich um 1000 °C angeführt[17]. Sie können zur Verlötung von Kupfer, Nickel und Legierungen daraus, für Stahl, FeNiCo, das an vierter Stelle genannte auch für Wolfram und Molybdän verwendet

---

[17] Aus einer Zusammenstellung der Firma Degussa, Frankfurt/Main, über Lote und Flußmittel.

Tabelle 7. Auswahl von Loten für die Vakuumtechnik mit Arbeitstemperaturen im Bereich von 700 °C bis 1000 °C

Bezeich-nung	Zusammensetzung in Gew.-%						Temperatur-bereich mit Schmelz-phasen in °C	Arbeits-temperaturen in °C
	Ag	Au	Cu	Pd	In	Ni		
	60		27		13		710—605	720
	72		28				780	780
		80	20				890	890
		82				18	950	950
SCP1	68,4		26,6	5			810—807	815
SCP2	58,5		31,5	10			852—824	860
SCP3	65		20	15			900—850	905
SCP4	54		21	25			950—901	955

werden. Dies gilt auch für die SCP-Lote, die im übrigen auch wegen ihrer guten Benetzungseigenschaften sehr geschätzt werden. Wo Lote nicht ausreichend benetzen, hilft man sich damit, daß die zu verlötenden Teile erst verkupfert oder vernickelt werden. Die lötfreudigen Kupfer- und Nickelschichten vermitteln dann die Bindung nach beiden Seiten.

Auch die Reinheit der Lote kann eine sehr wichtige Rolle spielen. So bilden sich, wenn Spuren von Kohlenstoff in ihnen enthalten sind, mit diesem gasförmige Reaktionsprodukte, die zur Blasenbildung im Lot führen, es u. U. sogar aufreißen oder am Fließen hindern. Ferner soll nochmals darauf hingewiesen werden, daß die zu lötenden Teile heißer sein sollen, als es dem Liquiduspunkt des Lotes entspricht; im andern Fall ist ausreichende Benetzung nicht gewährleistet. Das Lot erstarrt auf der kälteren Unterlage an der Berührungsfläche und wird am Fließen gehindert. Es ist immer gut, das Lot von den zu lötenden Teilen her aufzuheizen.

Der Bindungsmechanismus zwischen Lot und Grundwerkstoff ist noch nicht in allen Einzelheiten geklärt, doch findet man die Meinung vertreten, daß zwischen beiden eine Legierungsbildung stattfindet, wobei der Grundwerkstoff im festen Zustand verbleibt. Man bezeichnet einen solchen Vorgang auch als Diffusion, wobei immer beide Partner ineinander diffundieren. Zwischen Silber und Stahl beispielsweise findet ein solcher Vorgang nicht statt, das Silber bildet einzelne Tropfen, ohne zu benetzen; es haftet auch nach Abkühlung nicht, es hat nicht gebunden und kein Eisen aufgenommen. Benetzt aber Lot, dann wird es auch durch Kapillarkräfte in enge Spalten hineingetrieben. Als Faustregel kann gelten, daß Spalten von 0,05 mm bis 0,2 mm Breite sich von selbst mit Lot füllen.

Für höhere Temperaturen werden oft reine Metalle (Silber, Gold, Kupfer, Nickel, Platin, Palladium, Rhodium, Ruthenium) benutzt. Wenn die Teile später auf Dauer hohen Temperaturbelastungen ausgesetzt sind, muß mit sehr hoher Temperatur gelötet werden. Als Beispiel solcher Art von Lötung sei die unter Verwendung von Kohlenstoff und Molybdän angeführt. Es sei gleichzeitig abschließendes Beispiel für die Anwendung von Phasendiagrammen bei der Suche nach Lötmöglichkeiten.

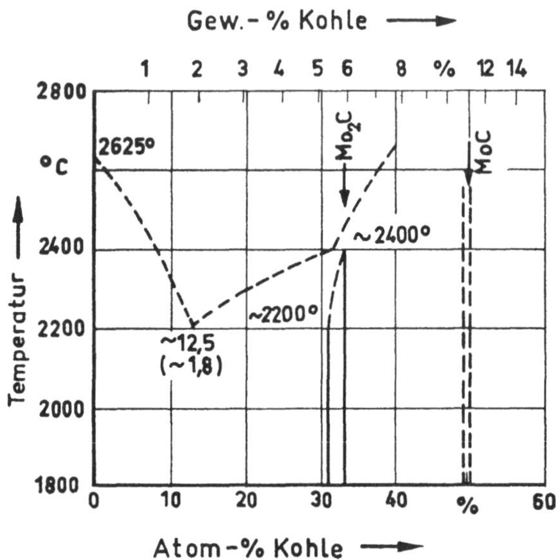

Bild 45. Zustandsdiagramm des Zweistoffsystems Kohlenstoff-Molybdän (nach [2.4]).

Bild 45 zeigt einen Teil des Zustandsschaubildes mit den Komponenten Kohlenstoff und Molybdän. Man geht zweckmäßigerweise von Molybdänkarbidpulver Mo_2C aus und gibt noch soviel Molybdänpulver zu, daß der Gesamtanteil des Kohlenstoffs nur noch 1,8 Gew.-% beträgt. Bei 2200 °C wird diese eutektische Mischung flüssig. Um die Energie zur Erreichung der hohen Temperatur leichter aufzubringen, arbeitet man meist mit Konzentrator bei kurzzeitiger Impulslötung. Die Gefahr, zusätzlich Molybdän zu lösen, ist dabei kaum vorhanden. Es kann auf diese Weise Molybdän mit Molybdän oder Molybdän mit Wolfram oder auch Wolfram mit Wolfram verlötet werden, um nur einige Beispiele zu nennen.

Für andere Zweistofflegierungen findet man die Diagramme in ausführlichen Werken zusammengestellt [2.4]. Schließlich wird der Übergang zu drei Komponenten zusätzliche Möglichkeiten erschließen, doch ist darüber heute noch weit weniger allgemein bekannt.

2.2.2. Keramik und lötbarer Überzug

Löten beschränkt sich nach der zu Beginn des vorhergehenden Abschnittes herangezogenen gebräuchlichen Definition auf das Verbinden zweier Metalle. Eine Weiterfassung dieses Begriffes wird schon gefühlsmäßig auf Schwierigkeiten stoßen; Porzellan etwa verlöten zu können, wird man kaum erwarten. Es sei denn, man bereitet es dafür vor, indem man z.B. einen metallischen Überzug schafft, der vermittelnd zwischen Keramik und Lot wirkt und an dessen Oberfläche dann ein normaler Lötprozeß durchführbar ist.

Seit langem schon wird so verfahren. Die Keramik wird erst metallisiert und dann verlötet. Mit „Glanzmetallfarben" wurden Dekors, dünne verzierende Überzüge, auf glasierten oder unglasierten keramischen Erzeugnissen angebracht. Diese Glanzmetallfarben bestehen im wesentlichen aus kolloidalen Lösungen von Verbindungen der Edelmetalle wie Platin, Gold, Silber in ätherischen Ölen (z.B. Nelkenöl), die dann, wenn man sie in sauerstoffhaltiger Atmosphäre hoch genug heizt, verbrennen oder verdampfen und eine in die keramische Oberfläche selbst oder in die darauf befindliche Glasur eingebrannte Metallschicht zurücklassen. Bei Verwendung von Gold und Silber ist diese Schicht meist matt, bei Platin glänzend. Da die Schichtdicke bei einmaligem Auftrag höchstens einige Mikrometer beträgt, wird der Auftrag u. U. einige Male wiederholt. Die Schichten haften fest auf der Unterlage, können bei einiger Vorsicht weich gelötet werden und sind sogar vakuumdicht. Beim Hartlöten werden jedoch die dünnen Edelmetallschichten auf- oder abgelöst, die Verfahren sind somit leider für härtere Beanspruchungen nicht brauchbar.

Doch muß man sich überhaupt auf einen Lötprozeß zur vakuumdichten Verbindung abstützen? Erinnern wir uns, daß sie bei Glas und Metall durch eine teilweise Lösung des Metalloxids im Glas zustandekommt. Dabei streckt dieses Metalloxid gewissermaßen seine Arme nach beiden Seiten aus, in das Metall und in das Glas hinein. Als Verbindungsmöglichkeit von Metall und Keramik ist schon die über die Haftvalenzen erwähnt worden. Aus praktischen Erwägungen heraus beschränkt man solche Verfahren für Keramik–Metall jedoch auf Sonderanwendungen. Bei nicht ebenen Oberflächen wären so hohe Anforderungen an die Paßform zu stellen, daß selbst bei Verwendung eines duktilen Metallpartners der Aufwand zu groß wäre. Bei der Glas–Metall-Verbindung sind es zwar auch chemische Reaktionen, die über entsprechende Valenzen die zufriedenstellende Vereinigung besorgen, doch wird dabei das Glas in recht flüssiger Form aufgebracht, so daß es in die feinsten Unebenheiten einfließt und damit den für die Vakuumdichtigkeit erforderlichen allseitigen Kontakt für die anschließende Reaktion automatisch herstellt.

Um maßliche Anforderungen in Grenzen zu halten, verwendet man schon immer ein Lot, weil damit Maßdifferenzen überbrückt werden können[18], und so wird man auch jetzt wieder gezwungen, bei diesem Mittel zu bleiben. Wie der Lötprozeß gestaltet werden muß und ob oder welcherart die Keramik vorzubehandeln ist, soll nun näher behandelt werden.

Wenn das Lot selbst nicht nur mit Metall, sondern auch mit Keramik eine geeignete Bindung eingehen soll, erfordert dies sicherlich Sondermaßnahmen, die neu sind und über den normalen Begriff des Lötens hinausgehen. In der Tat sind solche Verfahren in den letzten Jahren gefunden worden und zur Anwendung gekommen. Sie werden Aktivlötung genannt, weil das Lot eine Komponente enthält, die mit der Keramik reagiert und somit beim Löten nicht nur die metallische Bindung zum Metall hin besorgt, sondern auch die für die vakuumdichte Haftung notwendige Übergangszone zur Keramik schafft. Die bereits erwähnte Zulegierung von Titan zu Nickel z.B. ergibt solche Eigenschaften [2.12].

Anhand des Zustandsdiagramms (Bild 46) soll auf dieses neuartige Verfahren eingegangen werden. Man sieht, daß bei einer Zusammensetzung mit einem Gewichtsanteil von ca. 30% Ni (und damit 70% Ti) ein eutektischer Punkt vorliegt und daß die flüssige Phase beim Hochheizen auf 955 °C entsteht[19]. Soll jetzt ein Teil aus Titan mit einem Teil aus Keramik verbunden werden, dann braucht zwischen beide nur eine Nickelfolie eingelegt und alles gemeinsam auf 955 °C — oder sicherheitshalber etwas darüber — erhitzt zu werden. Die Nickelfolie legiert dabei mit dem Titan, und diese Legierung ist bei 955 °C flüssig, so daß die in der Flüssigkeit enthaltene Titankomponente in innigen Kontakt mit der Keramik kommt und mit ihr reagiert. Eine dickere Nickelfolie holt sich mehr Titan herbei als eine dünne; Flüssigkeitsmenge und Reaktionszone werden größer und auch die später erstarrte Legierungsmenge. Daraus ist der Schluß zu ziehen, daß es einen günstigsten Wert für die Foliendicke geben muß; er wird im Bereich um 10 μm angegeben. Man kann auch umgekehrt ein Teil aus Nickel durch Zwischenlegen einer Titanfolie mit Keramik verbinden und dazu Temperaturen zwischen 955 °C und 1300 °C anwenden, doch ist die

---

[18] Es sei nochmals darauf hingewiesen, daß auch hierbei nicht beliebig große Spalte vorhanden sein dürfen.

[19] Man entnimmt ferner, daß auch eine Zusammensetzung aus 66% Ni und 34% Ti eine eutektische Mischung darstellt (eine weitere liegt noch bei dem Verhältnis 84:16 vor), die bei 1100 °C ihren Schmelzpunkt hat.

niedrigste Temperatur zu bevorzugen, weil dann auch die Anpassungsprobleme leichter beherrscht werden.

Soweit bis jetzt behandelt, hat sich die Legierung und ihre Menge
bei der entsprechenden Temperatur von selbst gebildet. Sollen Teile,
z. B. zwei Keramikteile, vereinigt werden, die keine die Legierung

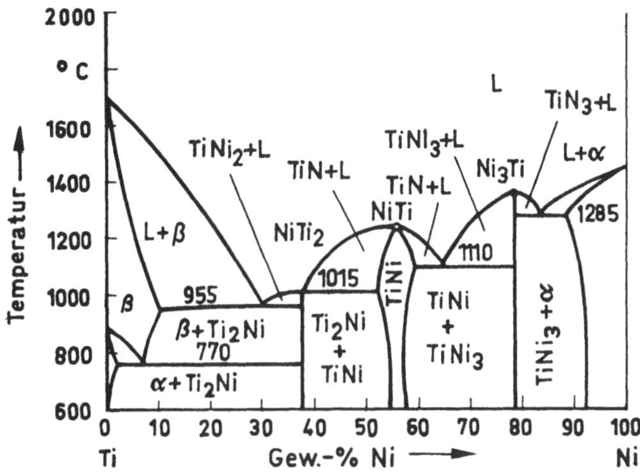

Bild 46. Zustandsdiagramm von Nickel–Titan (nach [2.12]).

bildende Komponente enthalten, dann müssen beide Bestandteile für
sich zugegeben werden. Eine Folie aus Titan, die ungefähr doppelt so
schwer ist wie eine mit ihr in Kontakt befindliche Nickelfolie, auf
955 °C erhitzt, ergibt die eutektisch zusammengesetzte Flüssigkeit, die
nun mit beiden Keramikteilen reagiert und sie verbindet. Die Zugfestigkeit einer solchen Verbindung ist meist größer als 50% der Zugfestigkeit der verwendeten Keramik. Beeinflußt wird sie durch die
Zusammensetzung der beim Herstellungsprozeß vorhandenen Atmosphäre. Am besten ist es, wenn im Vakuum (besser als 10^{-4} Torr) gearbeitet wird oder in reinen trockenen Edelgasen. Sehr schädlich ist
das Vorhandensein von oxydierenden Komponenten, sie verringern die
Duktilität der Legierung und schwächen die Bindung.

Ein derartiges Verfahren ist nicht auf Nickel und Titan beschränkt.
Kupfer und Titan sind in gleicher Weise, als aktive Partner auch z. B.
Hafnium oder Zirkon erwähnt. Die binären Systeme, die wir schon als
Lot zur Verbindung von Metallen schätzen lernten, haben durch Einführen von aktiven Komponenten die gewünschte, über das normale
Löten weit hinausgehende Anwendbarkeit erfahren. Es gibt auch
sogenanntes Aktivlot in fertig zubereiteter Form, etwa als Draht. Die
eine Komponente kann z.B. Silber, die andere Titan sein.

Zum Reaktionsmechanismus ist bekannt, daß Aktivmetalle wie etwa Titan Oxidkeramik teilweise reduzieren und in Suboxide überführen. Die Bindung zwischen solcher Keramik und dem Aktivlot ist deshalb nicht an Beimengungen in der Keramik gebunden und auch bei Verwendung von z.B. reinem Al_2O_3 vorhanden. Das Verfahren ist somit von einer in der Keramik vorhandenen Glasphase unabhängig. Wenn es trotz all dieser Vorteile nicht universell eingesetzt wird, mag dies einmal daran liegen, daß das Arbeiten im Vakuum immer eine Erschwernis bedeutet, und zum anderen daran, daß den intermetallischen Verbindungen des Titans eine gewisse Sprödigkeit nachgesagt wird, die sich vor allem bei großen Abmessungen schädlich auswirkt, insbesondere dann, wenn nicht exakt angepaßte oder duktile Partner für die Keramik verwendet werden. Titan und ein spezielles Forsterit z.B. sind sehr gut angepaßt, wenn sie gleichmäßig aufgeheizt und abgekühlt werden. Doch man schätzt heute mehr die Verwendung von keramischen Einstoffsystemen wie Al_2O_3 und BeO, da sie zuverlässig in der Herstellung und in der Verarbeitung sind und ihre Robustheit und ihre physikalischen Werte manchen Vorteil bieten. Um ihre technischen Möglichkeiten voll auszuschöpfen, gehen die Bemühungen sogar in Richtung immer größerer Reinheit.

Damit sind aber bereits die Grenzen abgesteckt, die für weitere Verfahren zur Verbindung von Keramik mit Metall zu beachten sind. Es soll durch eine gewisse Duktilität eine Erleichterung in der Auswahl des Metallpartners zugelassen werden können, es soll möglichst keine Beschränkung in den Abmessungen erforderlich sein, und die Verfahren müssen sich auch für reinste Keramik anwenden lassen.

Der zuletzt erwähnte Punkt vor allem macht es notwendig, auf den Aufbau und die Zusammensetzung solcher Oxidkeramik näher einzugehen. Wir wollen uns dabei auf Al_2O_3 beschränken; das am Ende aufgeführte Verfahren ist aber auf BeO in gleicher Weise anwendbar. Letzteres wird zwar wegen seiner guten Wärmeleitfähigkeit oder seiner Dielektrizitätskonstanten nicht immer zu umgehen sein, doch begegnet es wegen seiner toxischen Eigenschaften[20] einigem Mißtrauen.

---

[20] Die Giftigkeit von BeO-Keramik wirkt sich besonders aus, wenn Reaktionsprodukte oder Staub eingeatmet werden. Aufgrund längerer Erfahrungen sind keine Schädigungen zu befürchten, wenn der Gehalt in der Luft, auf Beryllium umgerechnet, bei einem achtstündigen Arbeitstag nie größer als $25 \cdot 10^{-6}$ g/cm³ und im Mittel nicht größer als $2 \cdot 10^{-6}$ g/cm³ ist. Fertig gebrannte BeO-Keramik wirft nur dann Probleme auf, wenn weitere Arbeitsprozesse (Schleifen, Metallisieren) an ihr durchgeführt werden (L. E. Ferreira; Symposium on Materials and Electron Device Processing, veröffentlicht von der American Society for Testing and Materials, 1961).

Aluminiumoxid kristallisiert als α-Al_2O_3 im rhomboedrischen Kristallsystem[21]. Daneben existieren noch Modifikationen wie β-Al_2O_3, γ-Al_2O_3. Letztere entsteht beim Entwässern von $Al(OH)_3$ bei etwa 450 °C und geht dann bei weiterem Erhitzen in α-Al_2O_3 über.

Aluminiumoxid trägt auch den Namen Korund; es bürgert sich mehr und mehr ein; diesen Namen nur für das α-Al_2O_3 zu verwenden. Die gesinterten Oxide sind auch unter dem Namen Sinterkorund oder Sintertonerde geläufig, während Alsint oder Frialit mehr den Charakter von Firmenbezeichnungen haben. Es wurde schon betont, daß nur möglichst reines Material — ihm gehört die Zukunft — betrachtet werden soll. Phasendiagramme mit verschiedenen Beimengungen erübrigen sich somit.

Der Einkristall aus Al_2O_3 heißt Saphir. Er kristallisiert hexagonal, seine Eigenschaften sind entsprechend richtungsabhängig. Auch Saphir steht heute in größeren Abmessungen zur Verfügung und wird für kritische Röhrenbauteile, wie z.B. Hochfrequenzfenster, gern verwendet. Es ist ein transparentes Material, d. h. es sind in seinem Innern keine das Licht stark streuende Zonen vorhanden. Solche Zonen können auch Gasblasen sein; sie müßten bei normal gesintertem Korund seines nicht durchscheinenden Aussehens wegen noch vorhanden sein. Wie hängt dies vom Sinterprozeß ab?

Man hat früher angenommen, daß zur Herstellung eines dichten Keramikscherbens zumindest ein kleiner Anteil an Glasphase notwendig ist. Heute weiß man, daß man durch einfaches Erhitzen eines Oxidpulvers bei einer Temperatur von 0,7 bis 0,8 mal der Schmelztemperatur (in K) einen festen und dichten Körper erhält, ohne daß chemische Reaktionen mit Fremdstoffen dabei im Spiel sind. Zur Unterscheidung mit der bis jetzt weiteren Fassung des Begriffes Sintern wird dies auch als trockenes Sintern bezeichnet.

Die treibende Kraft, die zur Sinterung so reiner Pulver führt, besteht in Oberflächenenergien, die örtlich verschieden sind. Sie rühren von Leerstellen im Gitter her, deren Konzentration verschieden groß ist, je nachdem, ob sie sich hinter konvex oder konkav gekrümmten Oberflächen befinden. Dies führt bei Anwendung höherer Temperatur zu einer Diffusion und Verschiebung von Material. Im ersten Stadium bildet sich zwischen zwei Körnern ein Hals aus, der zunehmend stärker wird. Zwischen den einzelnen durch einen Hals verbundenen Körnern ist ein zusammenhängendes System von Poren, die sich in einem weiteren Zwischenstadium zu einer Art Kanalsystem umbilden. Die Korngröße nimmt dabei zu. Ist die relative Dichte der Sintermasse bei etwa

---

[21] Ein anschauliches Bild der Atomanordnung ist in Landolt-Börnstein, Band 1, 4. Teilband (Kristalle), 6. Auflage, S. 49 zu finden (Berlin, Heidelberg, New York: Springer-Verlag 1955).

95% des Endwertes angekommen, werden einzelne Poren voneinander
isoliert, die Kanäle wachsen an verschiedenen Stellen zu.

Die Poren sind jetzt Einschlüsse, meist mit Gas gefüllt, das unter
hohen Druck kommt, wenn die Poren kleiner werden. Wenn diese
Poren und auch andere Einschlüsse beseitigt werden könnten, müßte
nach langer Zeit aus einem polykristallinen Ausgangskörper ein Einkristall entstehen. Wo man dies nicht oder nicht bis ins Extrem durch-
führt, erreicht man am Ende des Sinterprozesses zwar nur Körner bestimmter Größe, doch der erwartete Effekt zunehmender Lichtdurchlässigkeit bei zunehmender Verarmung an Poren tritt hier schon ein.
Bild 47 zeigt den Unterschied[22] zwischen normaler poriger Keramik und

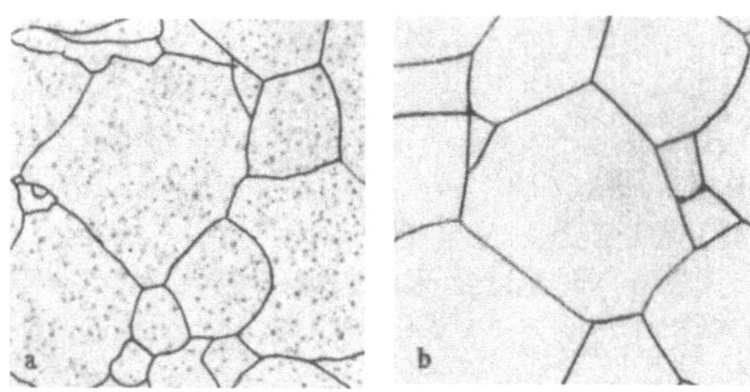

Bild 47. a) Normal gesintertes Aluminiumoxid; b) Lucalox.

solcher, bei der es gelungen ist, die Poren weitgehend zu beseitigen.
Dieses letztere Material wird als stabil bis 1900 °C angegeben, die
Reinheit ist 99,9%. Als polykristallines Gefüge sind die Eigenschaften
nicht richtungsabhängig. Die Lichtdurchlässigkeit liegt im sichtbaren
Spektrum bei 90%.

Diese Tatsachen verstärken den Eindruck, daß ein Metallisierungsverfahren, das eine Glasphase in der Keramik voraussetzt, in der Zukunft nur untergeordnete Bedeutung haben kann. Doch immerhin
hat man durch genaue Untersuchung der mit der Glasphase sich abspielenden Vorgänge Schlüsse ziehen können, die dazu führten, auch
SiO_2-arme Korundkeramik [2.25] und, wie die Erfahrung lehrt, Reinst-
keramik einschließlich Saphir und BeO mit dem für die Weiterverarbeitung notwendigen, vakuumdicht aufgebrachten, metallischen Überzug versehen zu können. Da eigene Erfahrungen — und zwar in wei-
testgehender Form — nur mit diesem Verfahren vorliegen, wird seine
bevorzugte Behandlung verständlich sein, auch wenn es daneben noch
weitere geeignete Verfahren geben mag.

Ausgegangen sei vom sogenannten Molybdän–Mangan-Verfahren
bei dem Molybdän- und Manganpulver, deren Teilchen nicht größer als

---

[22] Aus dem Katalog „Polycrystalline Ceramics (Lucalox)" der Firma General
Electric.

5 µm sein dürfen, in einem organischen Binder aufgeschlämmt, auf die zu metallisierenden Bereiche der Keramik aufgebracht und bei Temperaturen bis 1600 °C in Wasserstoff–Stickstoff eingesintert werden. Zum Einsintern enthält die Atmosphäre etwas Wasserdampf (Taupunkt $+45$ °C). Metallisches Mangan wird durch ihn bereits unterhalb 850 °C zu MnO oxydiert, das ab 950 °C mit Korund unter Spinellbildung und auch mit der in der Keramik vorhandenen Glasphase reagiert. Diese wird durch MnO-Aufnahme bereits oberhalb 1300 °C flüssig, löst den Reaktionsspinell und den Korund an und dringt in die Poren der Molybdänsinterschicht ein. Ist nicht ausreichend Glasphase vorhanden, dann kann das Eindringen und innige Verzahnen nicht stattfinden, und dementsprechend sind haftfeste Überzüge nicht zu erzielen. Das tritt ein, wenn weniger als 1,5% SiO_2 in der Keramik enthalten sind.

Abhilfe wird dadurch geschaffen, daß dem Molybdänpulver nicht Manganpulver, sondern aus Braunstein und SiO_2 vorgefertigtes Silikat zugegeben wird, das bei der Sinterung schmilzt und die Verkittung von Keramik und Metallsinterschicht besorgt. Damit ist man jetzt unabhängig von der Zusammensetzung der Keramik, ja man kann die notwendige Sintertemperatur von 1600 °C auf unter 1300 °C absenken, weil man mit der definierten Zusammensetzung der Schmelzphase auch deren Schmelzpunkt beherrscht. Diese Temperaturabsenkung gewinnt umso mehr Bedeutung, je größer die Keramikteile bei zukünftigen Anwendungen sein werden.

Auch die so eingesinterten und verkitteten Molybdänschichten werden an der Oberfläche meist mit Nickel versehen und können dann mit z.B. Kupfer–Silber-Eutektikum oder SCP-Lot mit dem Metallteil verlötet werden. Eine Grenze in den Abmessungen durch Versprödung der Verbindungszone wurde bis jetzt nicht festgestellt.

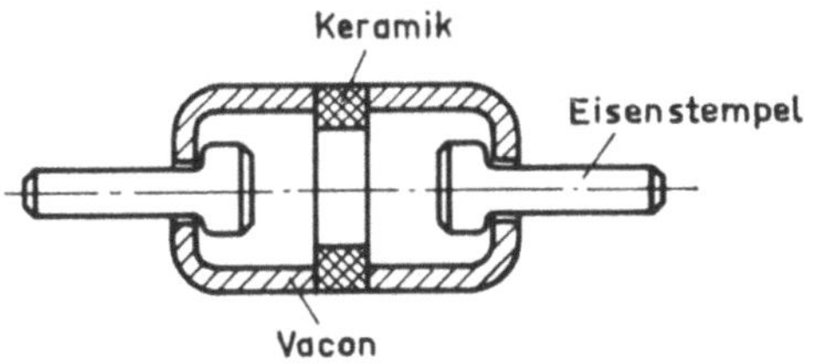

Bild 48. Anordnung zur Prüfung der Haftfestigkeit einer Keramik-Metall-Verbindung.

Zur Messung der Haftfestigkeit von Keramik am Metallteil kann eine Anordnung gemäß Bild 48 dienen. Gemessene Werte liegen dabei um 100 N/mm²; verglichen mit der Zugfestigkeit von Al_2O_3 (Tab. 5) ist dieser Wert etwa halb so groß. Es ist kein Maßstab für die Güte einer Verbindung, wenn der Zerreißversuch zum Bruch in der Keramik und nicht in der Verbindungsstelle führt. Das liegt daran, daß die stattgefundenen Reaktionen die Keramik geschwächt haben. Wenn etwa die Reaktionszone in gewisser Tiefe scharf begrenzt ist, gehört nicht viel dazu, an dieser Stelle die Keramik auseinanderzureißen.

Keramik, die mit den beiden geschilderten Verfahren, dem mit aktiven Lotkomponenten und dem Molybdän–Mangansilikat-Verfahren, behandelt und mit Metall verbunden ist, wird man dauernd nur bis zu Temperaturen betreiben, die unterhalb der Herstelltemperatur liegen. Die dabei ablaufenden Prozesse würden sonst erneut wieder in Gang kommen. Eine spezielle Anwendung beim thermionischen Konverter erfordert außerdem Cäsiumfestigkeit. Ein Metallisierungsverfahren, das mit Wolfram oder Wolfram–Mangan-Gemischen unter Zusatz von Y_2O_3 arbeitet [2.14], erfüllt beide Bedingungen. Auch direkte Verbundkörper aus Metall mit Al_2O_3 oder BeO sind für solche Zwecke Gegenstand ausführlicher Untersuchungen.

2.2.3. Schweißen

Unter Schweißen wird eine Verbindung verstanden, bei der man zwei gleiche Werkstoffe im flüssigen Zustand ineinanderfließen und erstarren läßt. Ein Rohrleger schweißt zwei zu verbindende Eisenrohre aneinander, indem die so gut wie möglich auf Stoß zueinander justierten Enden mit seinem Acetylen–Sauerstoff-Gebläse in vielleicht 5 mm breiter Zone zum Fließen gebracht und offene Spalte mit flüssig gemachtem Eisen vom Schweißdraht her ausgefüllt werden. Daß dabei das flüssige Eisen der Schweißzone nicht davonfließt, sondern nur in der später vorhandenen Schweißraupe zusammenläuft, ist der handwerklichen Geschicklichkeit zu verdanken sowie der Wahl der richtigen Flammenzone, um die Glut und ihre Ausdehnung und das Maß des Weichwerdens aufeinander abzustimmen.

Diese Art des Verbindens nennt man Autogenschweißen. Die Wärme liefert dabei eine Gasflamme. Je nachdem, auf welch besondere Weise die notwendige Hitze erzeugt wird, haben andere Schweißarten andere Namen erhalten. Für uns kommen in Frage: Schweißung unter Ausnutzung eines ohmschen Widerstandes, unter Zuhilfenahme eines elektrischen Lichtbogens, eines Elektronenstrahls, eines Laserstrahls und vielleicht der Wärme, die durch Reibung entsteht. Doch verbleiben wir zunächst beim Autogenschweißen.

Die zueinander fixierten Teile bleiben in dieser Lage auch im fertigen Zustand, weil das Zusammenfügen über eine flüssige Phase erfolgt ist und Spalte ohne Ausübung von Zwang ausgefüllt worden sind. Dagegen ist unangenehm, daß die reichlich ausgedehnte Flamme keine eng begrenzten Schweißzonen zuläßt und dicke Oxidschichten am fertigen Stück zurückbleiben. Diese drei Punkte umreißen die Problematik des Schweißens.

Oxidschichten sind bei späterer Verwendung der Teile in Berührung mit Vakuum absolut störend. Sie müssen auf alle Fälle beseitigt, ihre Entstehung muß am besten gleich verhindert werden. Jeder nachträgliche Reinigungsprozeß ist zumindest aufwendig oder birgt Gefahren in sich, so etwa, wenn abgebeizt wird und die dazu verwendete Säure in feinste Spalten und Poren eindringt und daraus nicht mehr beseitigt oder neutralisiert werden kann. Am besten hilft Glühen bei hoher Temperatur in reduzierender Atmosphäre. Doch nicht bei jedem Werkstoff ist dies durchführbar, eine Glühung im Vakuum aber wegen des Fehlens von Reaktionspartnern oft unzureichend.

Die räumliche Ausdehnung der Flamme läßt den Wunsch nach punktförmigen Wärmequellen aufkommen. Eine Nebenbedingung dabei ist, daß die in der Zeiteinheit in einem Flächenstück erzeugbare Wärmemenge, d. h. die Leistungsdichte, groß genug und damit die Temperatur hoch genug sein muß. Bei Verwendung der Acetylen–Sauerstoff-Flamme erreicht die Temperatur in der Schweißzone zwischen ihrem Kern und der oxydierenden Streuflamme mehr als 3200 °C.

Eine ganz wichtige Voraussetzung für die Einhaltung engster Maßgrenzen ist die genaue Einjustierbarkeit der Teile und ihre Erhaltung beim und nach dem Schweißprozeß. Darauf soll zunächst näher eingegangen werden.

Das Arbeiten mit elektrischem Strom hat zwei große Vorteile: Man kann ihn zu dem den effektiven Widerstand bildenden Kontaktstellen der zu verbindenden Metalle hinführen, ohne daß er in der Umgebung Wirkungen zu hinterlassen braucht, und man kann die angelegte Spannung in ihrer Größe so dosieren, daß sie beim Anlegen einen Strom richtiger Stärke erzeugt. Deshalb ist diese Art der Schweißung, die elektrische Widerstandsschweißung, besonders verbreitet und aus der heutigen Fertigungstechnik nicht mehr wegzudenken. Ihr Anwendungsspektrum reicht von Arbeiten an filigranen Gebilden bis zum Stumpfaneinanderschweißen großer Flächen. Wichtig ist nur, daß die zu verbindende Stelle den größten ohmschen Widerstand — man spricht in diesem Zusammenhang auch von „Engewiderstand“ — im Stromkreis enthält und damit an ihr die Hitze entsteht, daß induktive Widerstände keine unerwünschte Begrenzung des Schweißstromes bewirken und daß nach ausreichender Verschweißung rechtzeitig abgeschaltet wird.

Ein Beispiel zur Erläuterung: Zwei Wolframdrähte von 50 μm Durchmesser sollen an ihrem Kreuzungspunkt miteinander verschweißt werden. Damit sie sich gut genug berühren, werden sie zwischen zwei Schweißelektroden S_1 und S_2 (Bild 49) unter Druck eingeklemmt.

Wolfram hat den hohen Schmelzpunkt von 3400 °C, entsprechend hoch muß auch die aufzuwendende Schweißleistung sein. Die Punktberührung der an sich schon dünnen Drähte hat einen hohen Kontaktwiderstand R_K, der sich aus dem Engewiderstand und dem Schichtwiderstand vorhandener Fremdschichten zusammensetzt. Die angelegte Spannung U muß, um eine ausreichende Leistung zu erzielen, groß, jedoch die Wärmemenge auch bei dieser hohen Spannung so dosiert sein, daß ein Schmelzen nur in der Berührungszone stattfindet und die dünnen Drähte nicht ganz abschmelzen.

Im Prinzip kann dies gemäß Bild 49 geschehen. Ist zunächst Schalter *2* offen, dann wird bei geschlossenem Schalter *1* der Konden-

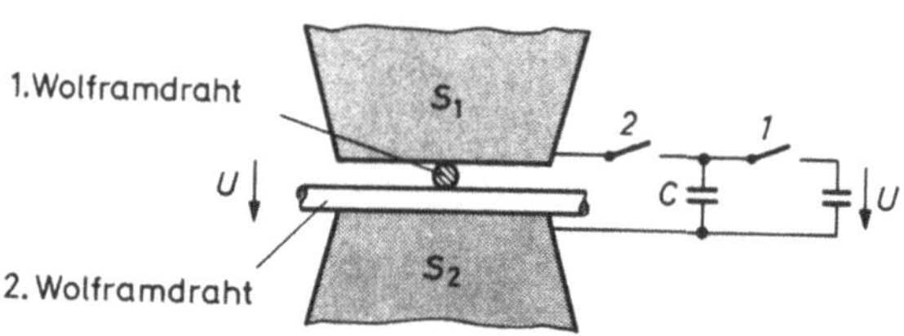

Bild 49. Schematische Darstellung einer Einrichtung mit genau dosierbarem Schweißstrom.

sator C auf die Spannung U aufgeladen. Wird jetzt Schalter *1* geöffnet und Schalter *2* geschlossen, dann entlädt sich der Kondensator, und wenn seine Kapazität und die Spannung richtig gewählt sind, ist auch die Schweißung beendet, ohne daß die dünnen Drähte selbst Schaden genommen haben. Beim nächsten Schweißpunkt beginnt der Vorgang aufs neue.

Früher bestand die Ansicht, daß Wolfram mit Wolfram nicht verschweißbar sei. Das angeführte Beispiel zeigt, daß dies eine Angelegenheit des angewandten Verfahrens ist. Heute werden solche Verschweißungen mit entsprechenden Steuerungen für die richtige Dosierung des Schweißstromes im Großen durchgeführt und haben z.B. zu Gittern und Kathoden für Senderöhren geführt [2.26], die neue Möglichkeiten erschlossen haben. Auch bei anderen, „nicht verschweißbaren" Materialien dürfte „das letzte Wort noch nicht gesprochen" sein.

Neben dieser Punktschweißung ist Widerstandsschweißung auf stumpfe Flächen, Ringzonen und viele andere denkbare geometrische Formen anwendbar. Einer beim Schweißprozeß stattfindenden Oxydation kann man leidlich gut Herr werden, wenn die Schweißzone mit neutralem oder reduzierendem Gas umspült wird.

Doch folgende grundsätzliche Schwierigkeit ist immer mit diesem Widerstandsschweißen verbunden: Die zu verschweißenden Stellen stehen unter mechanischem Druck, so daß sie bei ihrer Verflüssigung diesem Druck nachgeben und ihre Lage zueinander verändern. Dies ist von untergeordneter Bedeutung, solange zum benachbart durchzuführenden Schweißpunkt eine gewisse Flexibilität des Materials eine Neueinjustierung zuläßt und eine Änderung, der Abmessungen kompensiert werden kann. Ein Kreuzspanngitter, wie in Abschnitt 2.1.5. erwähnt, wäre am Ende kein Spanngitter mehr, wenn die kreuzweise gespannten Drähte an ihren Kreuzungspunkten durch Schweißung verbunden würden.

Zwischen einem zunächst exakt anliegenden Tantalfolienzylinder und einer Wolframscheibe, auf die er aufgeschweißt werden soll (Bild 50), klafft zunehmend mehr Raum, je weiter die Schweißung Punkt an Punkt von einer Stelle ausgehend, fortschreitet. Durch rich-

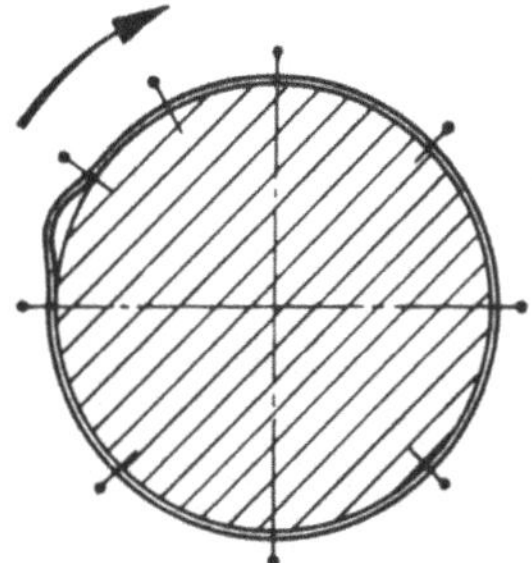

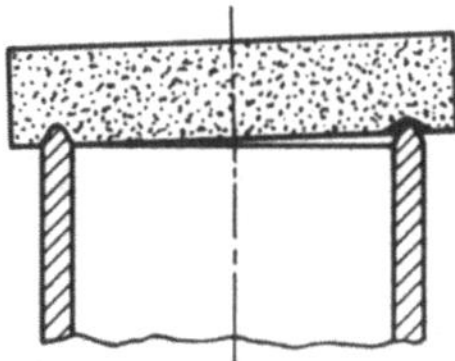

Bild 50. Beim Aufschweißen einer Folie auf einen Kern mittels Punktschweißung wird die Folie größer im Durchmesser. Wenn, wie angedeutet, die Schweißpunkte in der gleichen Richtung aufeinanderfolgen, entsteht am Ende ein Klaffen zwischen Folie und Kern.

Bild 51. Gestörte Ausrichtung bei einer Ringschweißung.

tige räumliche Aufeinanderfolge der einzelnen Schweißpunkte kann diese Erscheinung gemildert werden. — Bei einer Ringschweißung, beispielsweise einer Wolframscheibe auf eine kreisförmige Molybdänschneide (Bild 51) schmilzt die Schneide ab, doch es erfordert einigen apparativen Aufwand, dieses Abschmelzen ganz definiert vorzunehmen. Man wird sich somit bei hohen Anforderungen an Maßhaltigkeit auf andere Weise helfen. Das kann entweder mit Löten, oder, wo dies nicht möglich ist, mit einer Art von Schweißung geschehen, bei der Spalte ohne Ausübung von irgendwelchem Zwang durch flüssiges Material ausgefüllt werden.

Das erste Mittel dazu ist der elektrische Lichtbogen. Ausgangspunkt ist eine Beobachtung von Davy, der 1812 feststellte, daß zwischen zwei Kohleelektroden in einem Gleichstromkreis ein Lichtbogen entsteht, wenn sie kurz zur Berührung gebracht und wieder auseinandergezogen werden. An der Kathode kommen dabei Temperaturen von mehr als 3200 °C, an der Anode von mehr als 3600 °C zustande. Zwischen beiden brennt eine Gasentladung, die dadurch aufrechterhalten wird, daß an der Kathode Elektronen emittiert werden. Sie werden zur Anode hin beschleunigt und erzeugen dabei positive Gasionen, die in entgegengesetzter Richtung auf die Kathode aufprallen. Beide Elektroden werden dabei zur Weißglut aufgeheizt, also auf Temperaturen, bei denen nur wenige Materialien — darunter Kohle — standfest sind. Daß die Kohle abbrennt, kann durch Betreiben des Bogens in Edelgas vermieden werden, und dies ist ein besonders wichtiger Unterschied zum Acetylen–Sauerstoff-Brenner, denn dadurch ist die Fernhaltung von oxydierenden Stoffen möglich.

Da sich beide Elektroden auf gleicher und hoher Temperatur befinden, kann jede von ihnen Elektronen emittieren, d. h. es ist gleichgültig, ob einmal die eine oder die andere als Kathode geschaltet ist. Der Kohlebogen brennt somit auch mit Wechselstrom.

Kohle kann bei der Sorgfalt, mit der die hier in Frage kommenden empfindlichen Materialien behandelt werden müssen, als Elektrodenmaterial besser durch das ebenfalls hochschmelzende Wolfram ersetzt werden. Man arbeitet dann nach dem Heliarc- oder dem Argonarc-Verfahren[23]. Der Lichtbogen brennt dabei zwischen Werkstück und Wolframelektrode. Er wird entweder durch kurzzeitige Berührung oder durch überlagerte Hochfrequenz gezündet, die das Überspringen eines Funkens auch bei noch vorhandenem Abstand bewirkt. Ob mit Gleichstrom — und mit welcher Polung — oder mit Wechselstrom zu betreiben ist, hängt vom Material und dem gewünschten Ergebnis ab. Liegt die Wolframschweißelektrode am negativen Pol, ergibt dies eine schmale und tiefe Schweißnaht, ist das Werkstück negativ, eine breite und flache. Ursache ist, daß bei Verwendung einer Wolframelektrode als Pluspol mehr freie Wärme entsteht und somit die Schmelztemperatur schon bei niedrigerem Schweißstrom erreicht und überschritten wird. Um einen gleichen Schweißstrom von z. B. 125 A zu ermöglichen, genügt bei negativ gepolter Schweißelektrode ein Durchmesser von 1,6 mm, bei deren positiver Polung ist jedoch ein Durchmesser von 6,4 mm erforderlich. Damit wird aber die Schweißnaht breiter. Bei Anlegen von Wechselspannung wird die Wirkung in der Mitte liegen.

Ob überhaupt verschieden gepolt werden kann, hängt von der Fähigkeit des Werkstücks ab, Elektronen zu emittieren[24]. Ist diese ungenügend, z. B. auch wegen einer sehr niedrigen Schmelztemperatur, so fließen nur wenige Elektronen, und damit ist der Bogen schwach oder er erlischt. Bei Verwendung von Wechselspannung ist wenigstens die eine Halbphase gut ausgebildet, vor allem dann, wenn durch über-

---

[23] Ob Helium oder Argon verwendet wird, hängt hauptsächlich davon ab, welches dieser Gase billiger zur Verfügung steht.

[24] Auf die für die Elektronenemission maßgeblichen Faktoren wird im Abschnitt 3 eingegangen.

lagerte Hochfrequenz immer wieder für zuverlässige Zündung des Bogens gesorgt wird. Will man isolierende Oberflächenoxidschichten beim Schweißen zerstören, wie dies etwa bei Aluminium notwendig ist, kann dies durch Aufprall von Ionen bewirkt werden; in diesem Fall ist aber die zeitweise positive Polung der Schweißelektrode notwendig. Für eine solche Schweißung ist also Wechselstrom günstiger.

Argonarc-Schweißgeräte können als Handbrenner oder in einer mit Argon gefüllten Glocke betrieben werden. Bei der ersteren Art wird beim Schweißen aus einer die Wolframelektrode umgebenden Düse (entweder Keramik oder wassergekühltes Metall) Argon geblasen, das die Schweißteile umspült und damit den Zutritt von störenden Gasen

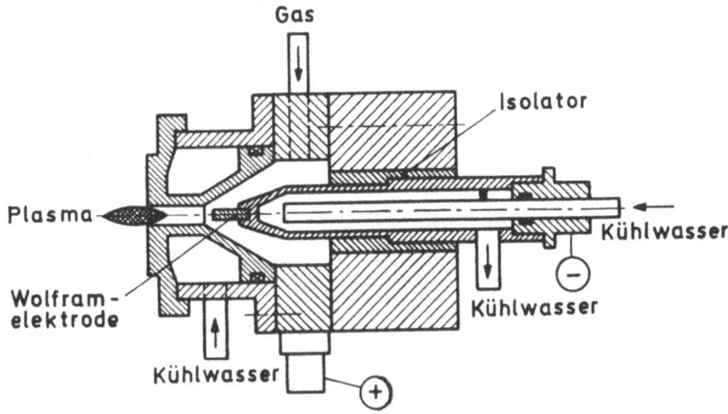

Bild 52. Plasmabrenner (nach [2.24]).

hindert. In der gefüllten Glocke ist man allerdings davor sicherer. Schweißnähte sind an stumpf zueinander justierten Werkstücken, an Kanten, an Überlappungen usw. möglich. Manchmal heftet man auch mit einem oder mehreren Schweißtupfern nur aneinander z.B. zur genauen Justierung für andere Arbeitsprozesse[25].

Die Verwendung von Wolfram mit Beigaben für höhere Elektronenemission zielt in Richtung höherer Leistungsdichte. Einen weiteren Schritt auf diesem Weg bedeutet es, das Plasma nicht im Lichtbogen, sondern aus einer Düse (Bild 52) austreten zu lassen und als „Flamme" zu verwenden. Die vollkommenste, wenn auch apparativ aufwendigste Art ist die Schweißung mit Elektronenstrahl.

---

[25] Während beim Löten die richtige Anwendung und vor allem die Lösung ganz spezieller Probleme beim Anwender liegt, ist die Ausbildung der Schweißgeräte ein wesentlicher Bestandteil auch des Verfahrens. Die Schriften der Herstellerfirmen vermitteln weitgehende Erfahrungen. Hier kann nur das Spezifische eines Verfahrens erwähnt werden.

Das Elektronenstrahlschweißen wird oft zusammen mit dem Elektronenstrahlschmelzen genannt. Beiden Verfahren ist gemeinsam, daß sie im Vakuum ausgeführt werden und daß die Energie, die beim Aufprall und der Absorption von Elektronen frei wird, zum Schmelzen an der Auftreffstelle dient. Da man hier, ähnlich wie beim Widerstandsschweißen und anders als beim Lichtbogen, bei dem die Brennspannung in engem Bereich liegt, Strom und Spannung nach Wahl einstellen kann, sind die zugeführten Leistungsdichten in weiten Grenzen wählbar. Auch bei hoher Temperatur schmelzende Metalle wie Molybdän, Tantal oder Wolfram können damit flüssig gemacht werden.

Das Elektronenstrahlschmelzen war im Prinzip von dem Augenblick an durchführbar, als man genügend gutes Vakuum herstellen konnte und genügend hohe Spannung und Kathoden ausreichender Emission zur Verfügung standen. Für das Elektronenstrahlschweißen aber hätte dieses nicht ausgereicht, weil hier die zusätzliche Aufgabe besteht, die Schmelzzone auf kleinste Abmessung zu beschränken. Dazu ist notwendig, zusätzlich die Möglichkeiten, die sich mit der Elektronenoptik ergaben, einzusetzen. Sie sind erst in den dreißiger Jahren unseres Jahrhunderts anwendungsreif erarbeitet worden, heute aber aus allen Geräten mit freien Elektronen nicht mehr wegzudenken.

Am deutlichsten kommt die Verbindung zur Optik beim Elektronenmikroskop zum Ausdruck. Hierbei wird ein stark vergrößertes Bild, beim Schweißen dagegen ein stark verkleinertes erzeugt.

Die Elektronenoptik macht sich die Tatsache zu eigen, daß elektrische oder magnetische Felder aus Öffnungen herausquellen, weil sich die Kraftlinien gegenseitig drängen. Wird beispielsweise die eine Platte eines Kondensators mit einem Loch versehen, dann greifen durch dieses die Kraftlinien hindurch. Ist es kreisrund, dann nehmen die dazugehörigen Potentiallinien in der Umgebung des Loches rotationssymmetrische Form an und wirken auf Elektronen in ähnlicher Weise wie Glaslinsen auf Licht. Man spricht in diesem Fall von einer elektrischen Linse und dementsprechend von einer magnetischen, wenn magnetische Kraftlinien abbildend auf die Elektronen wirken.

Bei der Elektronenstrahlschweißmaschine besteht die Aufgabe darin, mit Hilfe solcher Linsen aus einer Kathode austretende Elektronen in einem feinen Punkt zu fokussieren und an diesem Punkt die Stellen des Werkstücks entlangzuführen, an denen geschweißt werden soll. Das Werkstück muß dazu im Vakuum genauestens geführt und beobachtet werden können. Feinkorrekturen in der Lage des Strahls werden zusätzlich durch seitlich ablenkende Felder ermöglicht (Bild 53).

Zu den Einzelvorgängen: Die im Elektronenstrahl vorhandenen Elektronen werden beim Auftreffen auf das Werkstück zum Teil elastisch reflektiert, d. h. sie werden von ihm mit der gleichen Energie zurückgeschleudert, mit der sie ankommen, und übertragen somit keine Energie. Ein anderer Teil wird in langsame Sekundärelektronen umgewandelt. Beide Anteile sind in dem für die Schweißung in Frage kommenden Spannungsbereich bei der Energiebilanz zu vernach-

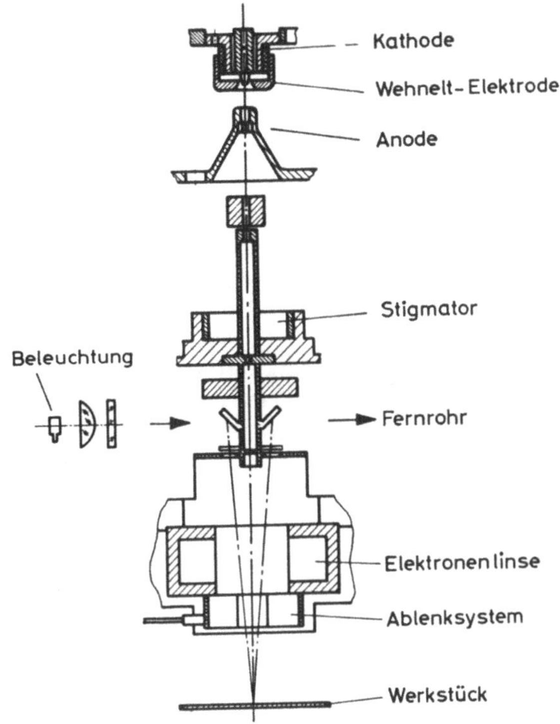

Bild 53. Die wesentlichen Bestandteile einer Elektronenstrahlschweißmaschine.

lässigen. Nicht in demselben Maß gilt dies für die durch Streuung an Einzelatomen rückdiffundierenden Elektronen. Ihre Zahl hängt von der Kernladungszahl der Atome des Werkstücks ab. Der Rest der im Strahl vorhandenen Energie wird in Wärme umgesetzt, die zum Schmelzen, eventuell sogar zum Verdampfen des getroffenen Werkstückteils führt. Andere Anteile gehen durch Strahlung und Wärmeleitung verloren. Schmelzwärme, Verdampfungswärme, Wärmeleitzahl und Kernladungszahl sind somit maßgebliche Größen dafür, welche Wirkung der Elektronenstrahl in der Zeit seiner Einwirkung ausübt oder umgekehrt, welche Zeit ein Strahl bestimmter Leistung einwirken muß, um eine Schmelzzone der verlangten Ausdehnung zu erzeugen.

Die in Frage kommenden Strahlspannungen liegen zwischen 30 kV und 150 kV, die Strahlströme bis zu einigen zehn Milliampere[26]. Je nach der Geschwindigkeit, mit der man das Werkstück an der Strahlspitze vorbeibewegt, ergeben sich Einschmelztiefen von einigen Millimetern. Sie können so tief gehen, daß aus dem Schweißen ein Durchbohren wird.

Die Schweißung mit Licht oder — besser gesagt — mit elektromagnetischer Strahlung im sichtbaren und ultraroten Bereich ist ebenfalls in die Betrachtung mit einzubeziehen. Diese ebenso „saubere" Energieform wie die der Elektronenstrahlen kann ebenfalls in „sauberer" Umgebung, wie etwa im Vakuum, ihr Werk verrichten. Sie kann außerhalb dieses Vakuums erzeugt und durch Körper, die für solche Strahlung durchlässig sind, dort hineingeschickt werden. So kann etwa das Licht einer Halogenquarzlampe aus dem einen Brennpunkt eines spiegelnden Ellipsoids im anderen Brennpunkt wieder vereinigt werden, wobei dieser Brennpunkt auf das im Vakuum befindliche, zu bearbeitende Werkstück einjustiert wird. Dabei braucht die durchlässige Vakuumhülle, etwa aus Glas, nicht unzulässig erwärmt zu werden, weil sie von dem Licht auf großer Fläche durchsetzt wird. Die am Werkstück zu erzielenden Temperaturen hängen mit von seinem Reflexionsvermögen ab und werden umso kleiner, je größer dieses ist. Sehr blanke Metalle sind somit für diese Art der Erhitzung nicht besonders geeignet, doch wird berichtet [2.20], daß an dünnen Stahlbändern z.B. mehr als 1500 °C erreicht wurden.

Im Prinzip gilt das auch für die Anwendung stärkster Konzentration von Licht, die man heute kennt. Der Laser in seiner Ausführungsform als CO_2-Laser erlaubt die Erzeugung von Leistungsdichten von einigen 10^6 W/cm².

Bei der Reibschweißung wird die notwendige Temperatur durch Reibung erzeugt. Sie entsteht bei der Bewegung sich berührender Körper gegeneinander und läßt somit eine unverrückbare Einjustierung nicht zu. Damit fällt dieses Verfahren für die Technologie von Vakuumgefäßen wegen der dabei verlangten höchstmöglichen Präzision aus der Reihe der bekannten Schweißverfahren aus[27].

Das Schmelzschweißen, von dem bis jetzt die Rede war, erfüllt die Bedingungen teilweise in idealer Weise; das Widerstandsschmelzschweißen erfordert wegen des gleichzeitigen Pressens schon Sondermaßnahmen. Bei der Erstarrung der Schweißnaht auftretende Gefüge-

---

[26] Strahlleistungen von einigen Kilowatt auf einer Fläche von 0,1 mm Durchmesser ergeben Leistungsdichten mehr als 10^7 W/cm². Im elektrischen Lichtbogen beträgt die Leistungsdichte etwa 10^4 W/cm².

[27] Sie sind in DIN 1910 zusammengestellt.

strukturen können ebenfalls zu Deformation beitragen[28]. Sie fallen
verständlicherweise weniger ins Gewicht, je feiner die Schweißnaht ist.
Am idealsten wäre es zweifellos, wenn die Vereinigung zweier Metalle,
so wie es dem Wesen der metallischen Bindung entspricht, dadurch
geschehen könnte, daß man sie einfach in enge Berührung bringt und
sie danach aneinanderhaften.

Das diesbezügliche Problem dürfte darin liegen, die innige Berührung mit gleichem Abstand an allen Stellen herbeizuführen. Allein
von der geometrischen Anordnung her ist dies nur möglich, wenn zwei
Einkristallebenen mit gleichen Indizes in Kontakt kommen. Jedes
Metall, das praktischer Anwendung zugeführt wird, besteht jedoch aus
Einzelkristalliten, die alle genau passend aufeinanderzubringen unmöglich ist. Man muß somit Mittel anwenden, um die Lücken zwischen
einzelnen Körnern auszufüllen und Übergangszonen von Korn zu Korn
zu schaffen. Weiter kommt hinzu, daß jedes Metall bearbeitet werden
muß, was ohne eine gewisse Rauhtiefe nicht möglich ist. Es werden
somit beim Berühren zweier Oberflächen auch Berge auf Berge zu
liegen kommen und die Atome der daneben liegenden Täler Abstand
voneinander haben. Schließlich bleibt keine Metalloberfläche an Luft
ohne Anlagerung von Fremdatomen, die dem erwünschten metallischen
Kontakt ebenfalls im Wege stehen.

Je nach den Mitteln, die angewendet werden, um den unerwünschten Abstand zu verringern oder ganz zu beseitigen, sind Schweißverfahren benannt, deren Grundlage nicht mehr ein Schmelzprozeß ist[29].
Man kann durch Anwendung von hohem Druck die erwähnten Berge
ineinanderfließen lassen, so wie es beim abgequetschten Pumpstengel
Atomlagen tun. Man nennt dies Kaltpreßschweißen.

Da sich das Ineinanderfließen nur auf die Spitzen erstreckt, sind
nicht wie beim Pumpstengel erhebliche Deformationen damit verbunden, die Abmessungen bleiben vielmehr weitgehend erhalten. Hilft
man, um eine Verbreiterung der ineinander zu dringenden Zonen zu erreichen, mit erhöhter Temperatur nach (jedoch weit unterhalb des
Schmelzpunktes), dann handelt es sich um das Preßschweißen. Auf
diese Art werden z.B. Leitungen für Laufzeitoszillatoren im Millimeter-
wellengebiet aus Kupferscheiben mit größter Genauigkeit gestapelt und
zu einem Ganzen vereinigt.

Mit größerer örtlicher Energie und damit größerer Annäherung und
Ausfüllung arbeitet man beim Ultraschallschweißen [2.24, 2.39]. Hierbei
werden vorhandene Oxidschichten sogar beim Aluminium unwirksam.

---

[28] Die vielfältigen Vorgänge bei der Erstarrung, ebenso wie Sondermaßnahmen zur Vereinigung von Stoffen verschiedenen Schmelzpunktes, können hier
nicht behandelt werden.

[29] Siehe dazu auch Seite 38 vorletzter Abschnitt.

Greift man zu hochexplosivem Sprengstoff und sprengt damit beim Sprengplattieren [2.24] zwei Metalle heftig gegeneinander, dann verschweißen sie. Auf diese Weise lassen sich Metallkombinationen verbinden, die sich auf andere Weise nicht verschweißen oder plattieren lassen.

Sollte dies nicht ein Hinweis dafür sein, daß es nur auf die genügende Annäherung ankommt, nicht nur beim Schweißen, auch beim Löten? Ein ,,Sprenglöten" ist in der Praxis wegen des flüssigen Lotes allerdings schwer vorstellbar.

Jedoch kann angenommen werden, daß sich um so mehr Verbindungen herstellen lassen, je ,,heftiger" die Oberflächen von zwei Stoffen einander angenähert und dabei von Fremdschichten befreit werden.

Die Kennzeichnung von Verschweißbarkeit oder Verlötbarkeit verschiedener Kombinationen in Tabellenform ist sicher nur zeitlich begrenzt gültig.

2.3. Vorbehandlung der Materialien und ihr Verhalten im Vakuum

2.3.1. Temperaturstrahlung

Maßgeblich für die direkte Wahrnehmbarkeit einer Wärme- oder Kältestrahlung ist, daß Temperaturdifferenzen an verschiedenen Körpern bestehen. Diese Körper strahlen dann einander verschieden viel Energie zu. Die Erfahrung lehrt, daß auch hier Wärme von selbst nur von einem Körper höherer Temperatur auf einen niedrigerer Temperatur übergeht. Richtet man z.B. zwei Parabolspiegel exakt gegeneinander aus und bringt in den Brennpunkt des einen eine Thermosäule, dann zeigt diese Erwärmung an, wenn in den Brennpunkt des anderen eine erhitzte Metallkugel, jedoch Abkühlung, wenn ein Stück Eis dorthin gebracht wird. Im einen Fall kühlt sich die Metallkugel zum Nutzen des Wärmeinhaltes der Thermosäule ab, im anderen Fall liefert die Thermosäule Energie an das Eisstück.

Weder Eis noch Thermosäule zeigen die Strahlung in sichtbarer Form und die Metallkugel deutlich erst dann, wenn ihre Temperatur etwa 600 °C überschreitet. Aber dies ist eine Eigenschaft des Auges, es kann aus dem großen Wellenbereich der elektromagnetischen Strahlung nur einen ganz kleinen Ausschnitt wahrnehmen. Nur über diesen psychologischen Effekt ist die Lichtstrahlung ausgezeichnet; in ihrer Wärmewirkung aber nicht unterschieden von der Strahlung, die allein durch die Temperatur des aussendenden Körpers angeregt wird und die sich im Bereich so tiefer Temperaturen, wie sie Eis oder Thermosäule haben, im sogenannten Ultrarot abspielt. Eine Beurteilung der Strahlung eines Körpers mit dem Auge ist somit unzuverlässig.

Strahlung ist das Haupttransportmittel für Wärme in der Natur. Die Übertragung geschieht mit Lichtgeschwindigkeit und auch über Räume hinweg, die frei von Materie sind, in denen somit ein Transport durch Wärmeleitung nicht stattfinden kann. Täglich wird uns vor Augen geführt, wie Energie von der Sonne der Erde zugestrahlt wird und wie diese Energie den für das Leben auf ihr so entscheidenden Wärmehaushalt bestimmt.

Auch bei den Vakuumgefäßen spielt Temperaturstrahlung eine bedeutende Rolle. Zunächst steht jedoch die Fortleitung von Wärme im Vordergrund, weil Strahlung erst mit höheren Temperaturen zunehmend ins Gewicht fällt; doch es wird in Zukunft die Entwicklung dahin gehen, daß für einzelne Teile eines Gefäßes immer höhere Temperaturen zugelassen werden müssen und dann die Verlustleistungen hauptsächlich über Strahlung abzuführen sind. Bei Körpern im luftleeren Raum, wie sie heute als Satelliten für Nachrichtenzwecke und Raumfahrt häufig in Anwendung kommen, kann zwar Wärmeleitung im Körper selbst für Verteilung und Temperaturausgleich sorgen, doch von ihm weg kann Wärme nur über Strahlung abgeführt werden.

Auch gibt es eine Reihe von anderen Problemen, bei denen Temperaturstrahlung sowohl in schädlicher als auch in nützlicher Auswirkung eine Rolle spielt. Ebenso besteht unter ihrer Zuhilfenahme oft die einzige Möglichkeit, Temperaturen zu messen auch an Stellen, die auf andere Weise unzugänglich sind und ohne dabei einen Eingriff in den Wärmehaushalt machen zu müssen. Man erhält den wahren Wert der Temperatur allerdings meist erst nach einer Korrektur des Meßergebnisses, die von Fall zu Fall verschieden durchzuführen ist. Sie hängt von den Eigenschaften des strahlenden Körpers selbst und von seiner örtlichen Anbringung ab.

Im Hinblick auf manche Unsicherheit, die bei Fragestellungen über Temperaturstrahlung oft da feststellbar ist, wo diese nicht unmittelbar im Mittelpunkt des Interesses steht, läßt es sich nicht umgehen, in ausführlicher Darstellung die in ihrer Vielfalt und ihrer verschiedenartigen Auslegung oft etwas verwirrenden Begriffe zu erläutern und diesem Gebiet vor der Wärmeleitung Vorrang zu geben[30].

Wir gehen von Bild 54 aus. Es zeigt den prinzipiellen Aufbau, wie er zu quantitativen Strahlungsmessungen benutzt wird. S_2 bildet einen sogenannten schwarzen Körper, das ist ein Körper, der alle auftreffende Strahlung absorbiert. Sein Absorptionsvermögen, das Verhältnis von absorbierter zu auftreffender Strahlung ist somit 1. Der Teil von

---

[30] Hier wird Normung als besondere Erleichterung empfunden. Wir folgen DIN 5496, Ausgabe Juli 1971.

S_2, für den dies in vollkommener Weise zutrifft, ist die Öffnung des in
ihm vorhandenen und an seinen Wänden geschwärzten Hohlraumes.
Alles Licht, das durch die Öffnung eintritt, wird schon zum großen Teil
an den schwarzen Wänden absorbiert, der Rest reflektiert. Dieser
letztere Teil trifft wieder auf andere Stellen der Innenwandung auf,

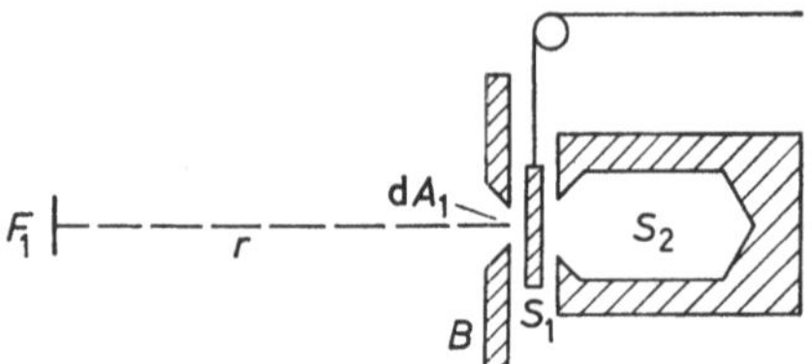

Bild 54. Zur Strahlungsmessung
am schwarzen Körper (nach [2.27]).

erleidet dort das gleiche Schicksal, und so geht es weiter. Man versteht, daß bei genügend kleinem Loch in S_2 höchstens vernachlässig-
bare Bruchteile des eingefallenen Lichts den Weg ins Freie wiederfin-
den. Eine solche Öffnung ist somit die Verwirklichung des schwarzen
Körpers.

Auch die Abgabe von Wärmestrahlung hängt von dem besonderen
Zustand der Körperoberfläche, ob blank, matt, durchsichtig oder
schwarz, ab. Der sichtbare Eindruck ist dabei allerdings nicht aus-
schlaggebend, weil eben das Auge nur in einem kleinen Wellenbereich
sensibilisiert ist und somit keinen Aufschluß gibt, was sich in möglicherweise viel energiereicheren Bereichen ereignet.

Welche von solchen Oberflächen strahlt am meisten? Hier schafft
der im Kirchhoffschen Gesetz ausgedrückte Zusammenhang Klarheit.
Aufgrund eines berühmten Gedankenversuchs, bei dem sich Kirchhoff
zwei gleich große Kugeln auf gleicher Temperatur in den zwei Brenn-
punkten eines im Inneren vollkommen spiegelnden Ellipsoids dachte,
wurde gezeigt, daß nur dann keine der Wirklichkeit widersprechenden
Ergebnisse möglich sind, wenn für alle Körper das Verhältnis von ihrem
Emissionsvermögen ε und ihrem Absorptionsvermögen α — die heute
genormte Bezeichnung spricht nicht von Vermögen, sondern von Grad
— konstant ist. Da das Absorptionsvermögen α_s des schwarzen Körpers gleich 1 und größer als das von jedem anderen Körper ist, gilt

$$\frac{\varepsilon}{\alpha} = \frac{\varepsilon_s}{\alpha_s} = \varepsilon_s \, ,$$

$$\varepsilon = \alpha \varepsilon_s \, . \tag{1}$$

Sobald also $\alpha < 1$, und dies gilt für alle Körper, die nicht vollkommen schwarz sind, ist auch $\varepsilon < \varepsilon_s$, d. h. der schwarze Körper hat das
größte Emissionsvermögen. Durchlässige Körper, die keine Absorption
($\alpha = 0$) zeigen, können überhaupt keine Strahlung aussenden. Von der

stofflichen Beschaffenheit eines Körpers ist für die Aussendung von Strahlung einzig und allein sein Absorptionsvermögen maßgebend.

Da wir nun wissen, daß ein schwarzer Körper wie S_2 in Bild 54 durch seine Öffnung hindurch die größtmögliche Energie abstrahlt, soll eine Messung mit solch schwarzer Strahlung durchgeführt werden [2.27]. Zunächst schirmt der Körper S_1, der sich auf Zimmertemperatur befinden muß und deshalb wassergekühlt ist, eine Zustrahlung zu F_1 ab. F_1 besteht aus einem rechteckigen Stück eines dünnen Metallbandes, das so sorgfältig wie möglich geschwärzt ist[31]. Wird S_1 aus dem Strahlengang entfernt, dann nimmt die Temperatur von F_1 langsam zu und erreicht schließlich einen stationären Wert. Diese Gleichgewichtstemperatur wird gemessen. Wird jetzt S_1 wieder in den Strahlengang eingebracht, so kühlt F_1 ab, es kann jetzt durch elektrischen Strom auf die vorher gemessene Gleichgewichtstemperatur aufgeheizt werden. Mit diesem Strom und der an F_1 liegenden Spannung ist die F_1 zugeführte Leistung bekannt; sie ist gleich der zuvor zugestrahlten Leistung, deren Quelle in der Öffnung $\mathrm{d}A_1$ der ebenfalls wassergekühlten Blende B liegt und deren schwarze Temperatur die z. B. mit einem Thermoelement meßbare Wandtemperatur des Körpers S_2 ist[32].

Diese Messung ergibt eine Aussage über die Gesamtstrahlung des schwarzen Körpers, d. h. über die Strahlung, die sich über den gesamten Wellenbereich hinweg erstreckt. Im Prinzip[33] kann man zwischen $\mathrm{d}A_1$ und F_1 (Bild 54) noch einen Spektralapparat anbringen, mit seiner Hilfe die von $\mathrm{d}A_1$ kommende Strahlung zerlegen und einen Wellenlängenbereich $\mathrm{d}\lambda$ zur Messung ausblenden. Mit solchen Wellenlängenbereichen kann die Messung wie oben durchgeführt und die spektrale Energieverteilung in der Strahlung des schwarzen Körpers bestimmt werden. Das alles zusammenfassende Gesetz ist das Plancksche Strahlungsgesetz. Bevor wir jedoch darauf eingehen, muß man sich darüber klar werden, welche Begriffe und Definitionen zur quantitativen Charakterisierung eines Strahlers heranzuziehen sind. Wir betrachten dazu unseren Strahler Sonne (Bild 55). Solche glühenden Gasmassen sind mit großer Annäherung schwarze Strahler.

Es interessiert zunächst die Energiemenge $\mathrm{d}W$, die sie pro Zeitelement von der gesamten Oberfläche in den Weltraum strahlt. Es ist

---

[31] Wir nehmen hier an, daß der Absorptionsgrad 1 sei, was mit Sicherheit zu erreichen ist, wenn F_1 als schwarzer Körper ausgebildet wird.

[32] Die Wandung kann sich auch innerhalb eines Flüssigkeitsbades, z. B. von schmelzendem Gold, befinden. Dann ist an allen Stellen die gleiche, präzis bekannte Temperatur gewährleistet. Man beachte noch, daß die Größe von $\mathrm{d}A_1$ so zu wählen ist, daß Strahlung zu F_1 nur aus der Öffnung von S_2 kommt.

[33] Bei einer Ausführung der Messung nach dieser Art wäre die Zahl der Fehlerquellen zu groß.

dies ihre Strahlungsleistung oder der Strahlungsfluß

$$\Phi = \frac{\mathrm{d}W}{\mathrm{d}t}. \tag{2}$$

Dieser Strahlungsfluß setzt sich aus der Summe der Strahlungen aller ihrer Oberflächenelemente $\mathrm{d}A_1$ zusammen. Der Quotient aus dem

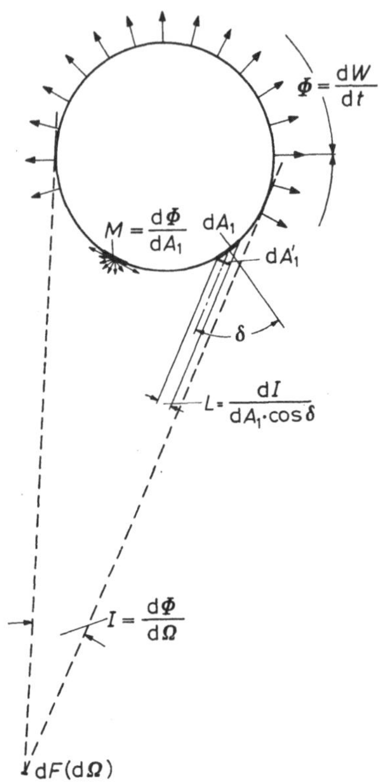

Bild 55. Bestimmende Kenngrößen für die Temperaturstrahlung.

Strahlungsfluß und dem Flächenelement, von dem aus dieser in den Halbraum geht, wird mit spezifischer Ausstrahlung bezeichnet:

$$M = \frac{\mathrm{d}\Phi}{\mathrm{d}A_1}. \tag{3}$$

Wenn z. B. jedes Element gleich viel strahlt, wird der Strahlungsfluß Φ aus der spezifischen Ausstrahlung M durch einfache Multiplikation mit der Gesamtoberfläche der Sonne erhalten. M ist für einen Strahler ein charakteristischer Wert, dessen Abhängigkeit von anderen physikalischen Größen anzugeben ist.

Oft ist ein Strahler nicht zugänglich. Man ist deswegen darauf angewiesen, seine Eigenschaften aus den Fernwirkungen der Strahlung abzuleiten. Dafür werden zwei weitere Größen definiert, die Strahlstärke und die Strahldichte (Bild 55). Denkt man sich um die Sonne, z. B. im Abstand 1 eine Kugel gelegt, dann empfängt jedes Raumwinkelelement $d\Omega$ dieser Kugel aus dem Strahlungsfluß der Sonne einen bestimmten Anteil $d\Phi$. Man nennt den Quotienten aus beiden die Strahlstärke:

$$I = \frac{d\Phi}{d\Omega} \, . \tag{4}$$

Eine Fläche dF von 1 m² auf der Erde, senkrecht der Sonne zugewandt, bekommt von ihr in jeder Sekunde eine Energie von 1350 J zugestrahlt (Solarkonstante $= 1350$ J m^{-2} s^{-1}). Die Entfernung 1 sei in unserem Fall die astronomische Einheit, also $1{,}496 \cdot 10^{11}$ m. Somit stellt 1 m² der Erdoberfläche ein Raumwinkelelement von $1{,}496^{-2} \cdot 10^{-22}$ dar, und die Einheitskugel mit der Oberfläche 4π enthält $4\pi \cdot 2{,}23 \cdot 10^{22}$ solcher Elemente, womit bei gleich großer Abstrahlung in allen Richtungen die Sonne pro Sekunde eine Energie von $4\pi \cdot 1350 \cdot 2{,}23 \cdot 10^{22}$ J $=$ $= 3{,}8 \cdot 10^{26}$ J abgibt. Die Strahlstärke der Sonne errechnet sich aus (4) zu $(1350/1{,}496^{-2} \cdot 10^{-22})$ J m^{-2} s^{-1} $= 3 \cdot 10^{25}$ J m^{-2} s^{-1}. Es ist dies auch der Strahlungsfluß von der Sonne in die Raumwinkeleinheit.

Die eigentliche charakteristische Kenngröße eines Strahlers kann aber nicht die Strahlstärke sein, da der gleiche Betrag von ihr entweder mit einem größeren Strahler, der kühler ist oder mit einem kleineren und heißeren erreicht werden kann. Vielmehr wird man, um das wirklich kennzeichnende Maß zu erhalten, wiederum auf die Fläche beziehen müssen. Der Beitrag, den einzelne Flächenelemente bei der Zustrahlung zu dF liefern, z. B. der von dA_1, kommt scheinbar von einem Flächenelement dA_1' her, das senkrecht auf der Verbindung $dA_1 - dF$ steht und Strahlung in Richtung seiner Normalen abgibt. Schließen diese Richtung und die Flächennormale von dA_1 den Winkel δ ein, dann ist $dA_1 = dA_1 \cos \delta$. Der zu bildende Quotient dI/dA_1' oder mit (4) auch $d^2\Phi/dA_1' \, d\Omega$ wird Strahldichte genannt:

$$L = \frac{dI}{dA_1 \cos \delta} = \frac{d^2\Phi}{dA_1 \, \cos \delta \, d\Omega} \, . \tag{5}$$

In Bild 56 ist nochmals die Lage eines Raumwinkelelementes $d\Omega$ in Bezug auf dA_1 dargestellt. Das sogenannte zweite Lambertsche Cosinus-Gesetz sagt nun aus, daß L für den schwarzen Strahler unabhängig von den Richtungen δ und φ ist. Wäre dies nicht der Fall, würde uns die Sonnenkugel nicht als Scheibe erscheinen. (5) läßt sich somit in die Form bringen

$$d\Phi = L dA_1 \int_0^{\Omega} \cos \delta d\Omega \, . \tag{6}$$

Wir wenden diese Gleichung auf den Versuch gemäß Bild 54 an. Das Flächenelement dF ist dort die Fläche F_1, das dieser zugehörige Raumelement sei $\Delta\Omega$. F_1 ist so klein, daß für alle seine Stellen $\delta = 0$ oder $\cos\delta = 1$ und somit nach (6) d$\Phi = L\mathrm{d}A_1\Delta\Omega$ ist. F_1 befindet sich im Abstand r von dA_1, somit ist $\Delta\Omega = F_1/r^2$ und

$$\mathrm{d}\Phi = L\,\frac{\mathrm{d}A_1 F_1}{r^2}\,. \tag{7}$$

Aus dem gemessenen dΦ kann jetzt L, die die Eigenschaften des Strahlers charakterisierende Größe, errechnet werden.

Aus der Strahldicht L erhält man die spezifische Ausstrahlung M einer strahlenden Oberfläche, wenn über den gesamten Halbraum integriert wird (Bild 56). Mit (3) und (6) ergibt sich dafür

$$M = L\int_{\Omega} \cos\delta\,\mathrm{d}\Omega = L\int_0^{\pi/2}\cos\delta\,\sin\delta\,\mathrm{d}\delta\int_0^{2\pi}\mathrm{d}\varphi = \pi L\,. \tag{8}$$

Strahldichte L und spezifische Ausstrahlung M unterscheiden sich nur durch den Faktor π. Die spezifische Ausstrahlung einer strahlenden

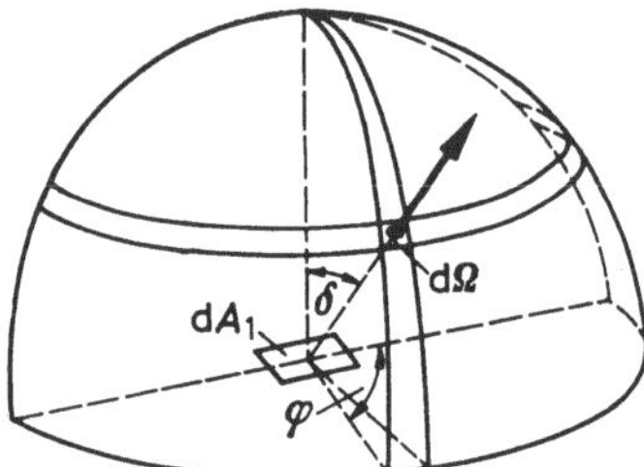

Bild 56. Berechnung des räumlichen Winkels vom Flächenelement dA_1 aus. dΩ ist auf der Einheitshalbkugel ein Raumwinkelelement. d$\Omega = \sin\delta\,\mathrm{d}\delta\,\mathrm{d}\varphi$.

Oberfläche kann beim schwarzen Körper aus der Ferne über eine Messung der Strahldichte ermittelt werden, auch wenn weite Bereiche, in die die Fläche strahlt, nicht zugänglich sind.

Man unterteilt noch in einzelne Wellenlängenbereiche und definiert z. B. mit $L = \mathrm{d}L/\mathrm{d}\lambda$ eine spektrale Strahldichte. Für sie lautet das Plancksche Strahlungsgesetz für den schwarzen Strahler

$$L_{\lambda s} = \frac{c_1}{\pi}\lambda^{-5}\,(\mathrm{e}^{c_2/\lambda T} - 1)^{-1}\,. \tag{9}$$

Ganz sind wir damit allerdings weiterer Festlegung noch nicht enthoben. Im älteren Schrifttum werden immer Energieeinheiten wie erg, cal, verwendet. Die Umrechnung in die heutigen gesetzlichen Einheiten ist leicht vorzunehmen. Doch ist nicht immer ersichtlich, ob sich die Angaben auf polarisierte oder nichtpolarisierte Strahlung beziehen.

Hier seien sie immer auf letztere bezogen[34]. Es gelten dann die Werte
$c_1 = 3{,}74 \cdot 10^{-16}\,\mathrm{W\,m^2}$, $c_2 = 1{,}44 \cdot 10^{-2}\,\mathrm{K\,m}$.

Mit diesen Konstanten ist in Bild 57 für verschiedene Temperaturen in Abhängigkeit von der Wellenlänge die Strahldichte aufgetragen. Man sieht, wie stark sie mit der Temperatur ansteigt, d. h. wie schnell die Flächen unterhalb der Kurven zunehmen und wie sich die Wellen-

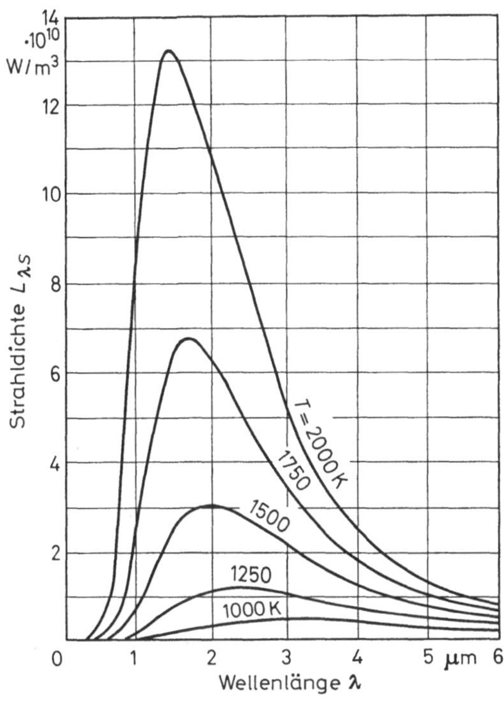

Bild 57. Strahldichte eines schwarzen Körpers für verschiedene Temperaturen in Abhängigkeit von der Wellenlänge.

länge, bei der die Strahlung maximale Werte annimmt, mit höheren Temperaturen nach kleineren Werten hin verschiebt. Beide Tatsachen drücken sich in zwei Gesetzen aus, die im Planckschen Gesetz enthalten sind, aber zeitlich schon vor seiner Aufstellung bekannt waren.

Zunächst folgt des Stefan-Boltzmannsche Gesetz für die Gesamtstrahldichte, indem man das Plancksche Gesetz über sämtliche Wellen-

---

[34] Es ist leicht einzusehen, daß die Leistung, die in polarisierter Strahlung steckt, nur halb so groß ist, weil die auf alle Schwingungsrichtungen gleich verteilte unpolarisierte Strahlung in zwei zueinander senkrecht stehende, gleich große Vektoren zerlegt werden kann.

längen integriert.

$$L_s = \int_0^\infty L_{\lambda s}\, \mathrm{d}\lambda = \frac{\sigma}{\pi}\, T^4 \ . \tag{10}$$

Für die von der Flächeneinheit in den Halbraum gehende Gesamt-strahlung, ist somit nach (8)

$$M_s = \pi L_s = \sigma T^4 \ . \tag{11}$$

σ heißt Stefan-Boltzmannsche Konstante. Ihr Wert ist $\sigma = 5{,}66 \cdot 10^{-8}\ \mathrm{W\ m^{-2}\ K^{-4}}$.

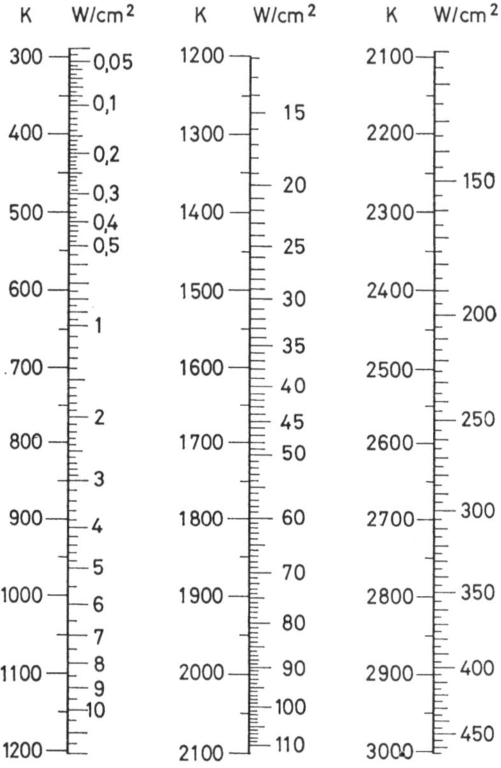

Bild 58. Gesamtstrahlung M_s des schwarzen Körpers bei verschiedenen Temperaturen T.

Er ergibt sich bei der Durchführung der angedeuteten Rechnung, aber auch experimentell z. B. bei dem Versuch nach Bild 54. Setzt man in (7) für L, da es sich um einen schwarzen Strahler handelt, L_s aus (10) ein, dann wird

$$\mathrm{d}\Phi = \frac{\sigma}{\pi}\, T^4 \frac{\mathrm{d}A_1 F_1}{r^2}\ ,$$

was unter Berücksichtigung noch kleiner Korrekturen den Wert von σ aus dem Experiment zu bestimmen erlaubt.

In Bild 58 ist M_s der jeweiligen Temperatur des schwarzen Strahlers zugeordnet. Die Oberflächentemperatur der Sonne mit 5785 K ist dabei nicht aufgeführt. Wenn wir mit dieser Temperatur, dem Wert von σ und mit der Sonnenoberfläche $O = 6{,}08 \cdot 10^{18}$ m² den Strahlungsfluß $\Phi = O\sigma T^4$ der Sonne berechnen, kommen wir zu nahezu dem gleichen Resultat, wie es sich aus der Solarkonstante schon früher ergab.

Auch die Lage des Maximums der Strahlung in Bild 57 ist oft von Interesse. Die Differentation der Planckschen Gleichung nach λ und Nullsetzen führt dafür zu der Beziehung

$$\lambda_{\mathrm{max}}\, T = \frac{c_2}{4{,}9651}\,.$$

Es ist dies das Wiensche Verschiebungsgesetz. Beispielsweise ist für $T = 1000$ K die Wellenlänge maximaler Ausstrahlung $\lambda_{\mathrm{max}} = 2{,}9\ \mu$m und liegt somit im Ultraroten. Dort absorbiert das durchsichtige Glas stark, was heißt, daß auch z. B. Teile, die in einem evakuierten Glaskolben nur schwach glühen, diesen trotzdem stark erwärmen können.

Die Aufgliederung des Strahlungsflusses in verschiedene Wellenlängenbereiche ist für das hier vorliegende Arbeitsgebiet vor allem für die Messung von Temperaturen von Bedeutung. Bei solcher Messung wird sichtbares Licht verwendet, als Temperaturen spielen Werte von weniger als 2500 K eine Rolle. In diesem Fall ist $c_2/\lambda T \approx 10$, aber $e^{10} > 20\,000$, eine gegen 1 sehr große Zahl. Der Klammerausdruck in (9) vereinfacht sich, aus dem Planckschen Gesetz wird das Wiensche Strahlungsgesetz

$$L_{\lambda s} = \frac{c_1}{\pi}\lambda^{-5}\, e^{-c_2/\lambda T}\,. \tag{12}$$

In allen hier interessierenden Fällen, bei denen spektrale Zerlegung eine Rolle spielt, kommen wir mit diesem Gesetz aus.

Die Körper, mit denen wir es in der Praxis zu tun haben, sind nicht vollkommen schwarz, ihr Emissionsgrad ist ein anderer als der des schwarzen Körpers. Er kann jedoch weder bei einer bestimmten Wellenlänge noch in einer bestimmten Richtung größer als dieser sein, denn da der Absorptionsgrad α weder in einer bestimmten Richtung noch für eine bestimmte Wellenlänge größer als 1 sein kann, kann auch ε in (1) nie größer als ε_s sein. Als Emissionsgrad eines beliebigen Strahles in seinen verschiedenen Abhängigkeiten definiert man

$$\varepsilon(\lambda;\delta,\varphi) = \frac{L_\lambda(\lambda;\delta,\varphi)}{L_{\lambda s}}\,. \tag{13}$$

Er kann von der Wellenlänge, von δ und von φ (Bild 56) abhängig sein. Ist er es nur von δ und φ, dann spricht man von einem Graustrahler, ist ε dagegen unabhängig von δ und φ und nur abhängig von λ, bezeichnet man den Strahler als Lambertschen Strahler. Für den schwarzen Strahler ist in allen Fällen $L_\lambda(\lambda; \delta, \varphi) = L_{\lambda s}$, woraus folgt, daß das Emissionsvermögen des schwarzen Strahlers $\varepsilon_s = 1$ ist und allgemein sich (1) in $\varepsilon = \alpha$ vereinfacht. Emissionsvermögen und Absorptionsvermögen eines beliebigen Strahles sind für alle Richtungen und für alle Wellenlängen einander gleich.

Alle diese Abhängigkeiten zu berücksichtigen ist meist nicht möglich, aber auch nicht notwendig. Man beschränkt sich auf zwei Sonderfälle. $\varepsilon(\lambda)_n$ ist das Teilstrahlungsvermögen bei einer bestimmten Wellenlänge, wobei der strahlende Körper in zu seiner Oberfläche senkrechter Richtung zu betrachten ist. Als Wellenlänge wird meist $\lambda = 655$ nm gebraucht. $\varepsilon_\cap$ ist das Gesamtstrahlungsvermögen, es wird mit halbräumlicher Emissionsgrad bezeichnet und vermittelt den Zusammenhang zwischen der spezifischen Ausstrahlung eines normalen mit der des schwarzen Körpers. Diese kann nicht mehr wie beim schwarzen Körper aus nur einer Messung der Strahldichte errechnet werden, vielmehr wären dazu alle räumlichen Abhängigkeiten und auch die von der Wellenlänge notwendig. Wie sehr z. B. $\varepsilon(\lambda)_n$ bei manchen Stoffen von der Wellenlänge abhängig ist, geht aus Bild 59 hervor. Wie sich auf der anderen Seite sowohl $\varepsilon(\lambda)_n$ als auch $\varepsilon_\cap$ mit der Temperatur ändern, zeigt bei sehr hohen Temperaturen Bild 60 z. B. für Tantal.

Es ergeben sich jetzt folgende, immer wieder gebrauchte Zusammenhänge. Aus (12) zusammen mit (13) ergibt sich

$$L_{\lambda n} = \varepsilon(\lambda)_n \, L_{\lambda s} = \varepsilon(\lambda)_n \frac{c_1}{\pi} \lambda^{-5} \, \mathrm{e}^{-c_2/\lambda T} \tag{14}$$

und für die spezifische Ausstrahlung M des normalen Körpers wird $\varepsilon_\cap$ so definiert, daß mit (11)

$$M = \varepsilon_\cap \, M_\lambda = \varepsilon_\cap \, \sigma T^4 \tag{15}$$

ist. Ein Beispiel zeige die Anwendung von (14). Es soll eine Bestimmung von $\varepsilon(\lambda)_n$ durchgeführt werden, unter Verwendung eines Teilstrahlungspyrometers. Es ist dies ein Instrument, bei dem mit Hilfe einer Optik die zu messende leuchtende Fläche in der Ebene eines Glühfadens abgebildet wird, so daß man die Helligkeit von beiden vergleichen bzw. durch Variation des Stromes im Glühfaden auf gleiche Helligkeit einstellen kann. Der Vergleich wird in einem bestimmten Wellenlängenbereich (um 655 nm) durchgeführt, bei zu hellem Strahler wird, um dies zu gewährleisten, mit einem Rotfilter im Strahlengang gemessen.

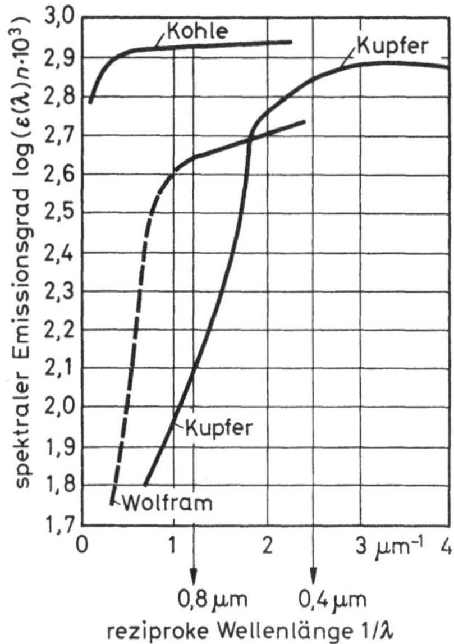

Bild 59. Spektraler Emissionsgrad bei verschiedenen Wellenlängen. Kohle strahlt auch im Ultrarot noch weitgehend schwarz, während der Emmissionsgrad von z.B. Kupfer mehr und mehr absinkt (nach [2.27]).

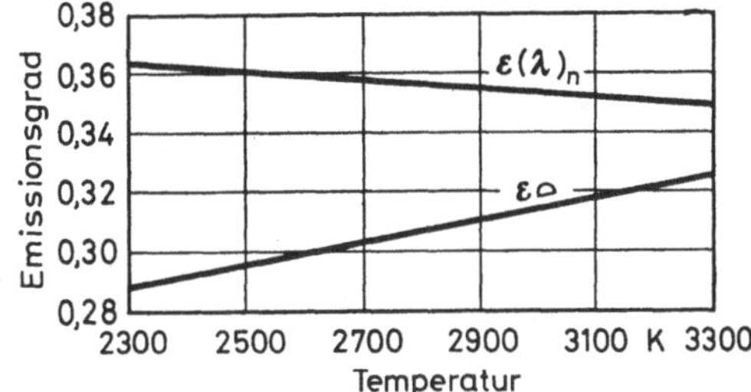

Bild 60. Spektraler $\varepsilon(\lambda)_n$ und hallräumlicher Emissionsgrad ε_o von Tantal bei hohen Temperaturen (nach [2.11]).

Zunächst wird das Pyrometer am schwarzen Körper geeicht[35], so daß man mit ihm die sogenannte schwarze Temperatur mißt. Liegt dann später keine schwarze Strahlung vor, muß sich diese schwarze Temperatur, auch pyrometrische Temperatur genannt, von der wirklich vorliegenden wahren Temperatur unterscheiden. Die letztere muß höher sein, weil der Normalkörper nicht so viel ausstrahlt und deswegen geringere Temperatur vortäuscht. Gemessen werde an einer Wolframscheibe, in die ein Loch gebohrt und die anschließend bei hoher Temperatur gesintert worden ist. Ein solches Loch wirkt wie ein schwarzer Körper, wenn der Quotient aus seiner Tiefe und seinem Radius einen bestimmten Wert überschreitet (Bild 61). Wir stellen in

---

[35] In der Praxis wird meist eine am schwarzen Körper geeichte Wolframbandlampe als Zwischenglied verwendet. Genaue Eichkurven und Betriebsanleitung werden dafür mitgeliefert.

senkrechter Richtung auf die Wolframoberfläche, nicht auf das Loch
ein und messen eine schwarze Temperatur T_s. Ein schwarzer Strahler
mit der Temperatur T_s würde nach (12) eine Strahldichte

$$L_{\lambda s} = \frac{c_1}{\pi} \lambda^{-5}\, e^{-c_2/\lambda T_s}$$

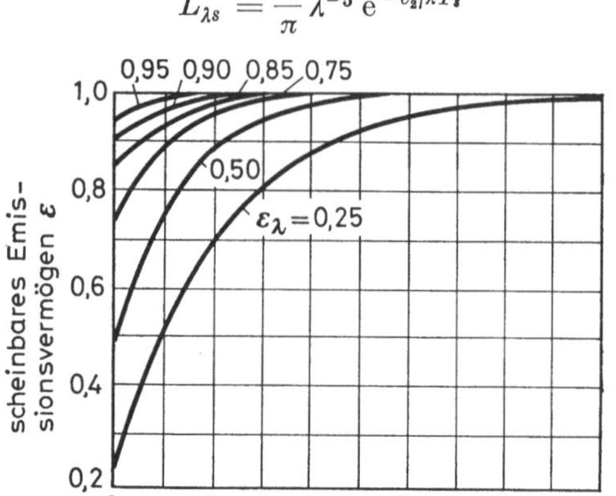

Bild 61. Eine Bohrung von einer Tiefe L und einem Radius r in einem Körper mit dem spektralen Emissionsgrad $\varepsilon\lambda$ ergibt, an ihr gemessen, eine Zunahme des scheinbaren Emissionsvermögens, je größer das Verhältnis L/r ist. Die Strahlung der Bohrung nähert sich somit immer mehr der des schwarzen Körpers. Bei $L/r > 6$ entspricht die gemessene Temperatur in großer Annäherung der wahren Temperatur (nach [2.3]).

erzeugen. In Wirklichkeit hat die Wolframscheibe als nichtschwarzer
Normalkörper jedoch die wahre Temperatur T_w, und ihre wahre
Strahldichte ist nach (14)

$$L_{\lambda w} = \varepsilon(\lambda)_n \frac{c_1}{\pi} \lambda^{-5}\, e^{-c_2/\lambda T_w}\,.$$

Für $L_{\lambda s} = L_{\lambda w}$ ergibt sich die Beziehung

$$\frac{c_2}{\lambda}\left(\frac{1}{T_w} - \frac{1}{T_s}\right) = \ln\, \varepsilon(\lambda)_n\,. \tag{16}$$

Stellen wir jetzt, ohne die Temperatur der Scheibe zu verändern, das
Pyrometer auf das Loch ein, das schwarz strahlt und deshalb die dort .
gemessene Temperatur gleich der wahren Temperatur der Scheibe ist,
dann sind T_s und T_w und damit $\varepsilon(\lambda)_n$ bekannt. Bild 62 gibt (16) in
Form eines häufig gebrauchten Diagramms[36].

---

[36] Das Teilstrahlungspyrometer ist das am meisten gebrauchte Instrument
zur Temperaturmessung mit Strahlung. Über zusätzliche Korrekturen, die zu
berücksichtigen sind oder über andere Arten von Pyrometer muß auf die Spezial-
literatur verwiesen werden. Die Anführung einzelner Stoffe (Al_2O_3, Kupfer) an
der rechten Leiter von Bild 62 gibt nur einen Anhaltspunkt, da diese Werte stark
von der Beschaffenheit der Oberflächen abhängen und außerdem davon, wie
frei diese strahlen können. In einigem Abstand hinter einer kleinen Blende wird
der Wert von $\varepsilon(\lambda)_n$ etwas höher sein. Bei der Beurteilung wie sich $\varepsilon(\lambda)_n$ dem Wert 1
nähern möge, können die Absorptionsverhältnisse u. U. aufschlußreich sein, da
Absorption und Emission parallel gehen.

Liegt keine Stelle an einem zu messenden freistrahlenden Körper vor, deren Teilstrahlvermögen vollkommen eindeutig bekannt ist, dann kann eine Substanz mit gut bekanntem $\varepsilon(\lambda)_n$ aufgebracht, T_s an ihr ge-

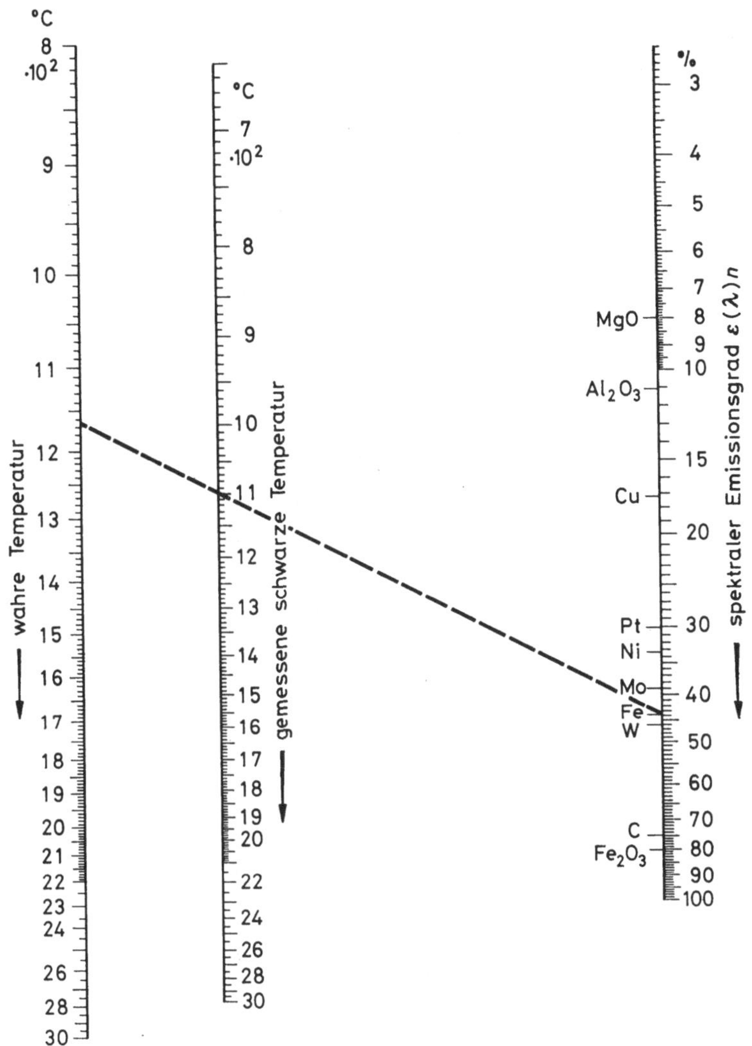

Bild 62. Wahre Temperatur und schwarze Temperatur bei verschiedenem spektralen Emissionsgrad (nach [2.7]).

messen und mit Hilfe von $\varepsilon(\lambda)_n$ dann T_w berechnet werden. Eine dicht daneben befindliche zweite Substanz hat die gleiche wahre Temperatur T_w. Durch Messung an ihr kann dann auch deren $\varepsilon(\lambda)_n$ ermittelt werden. Bei Oxidkathoden mußte man auf diese Art vorgehen.

Das Stefan-Boltzmannsche Gesetz in der Form (15) kann z. B. dazu benutzt werden, die Abstrahlung eines Körpers in den Weltenraum zu berechnen, wobei aus diesem kein anderer Körper, wie etwa die sichtbare Sonne, seinerseits einen wesentlichen Beitrag zustrahlt. Wenn jedoch nicht solch freie Abstrahlung vorliegt, muß die Zustrahlung berücksichtigt werden. Im einfachsten Fall, wenn sich zwei gleich große parallele ebene Flächen $A_1 = A_2 = A$ mit den Temperaturen T_1 und T_2 und mit dem gleichen halbräumlichen Emissionsgrad $\varepsilon_\triangle$ in einem Abstand gegenüberstehen, der klein gegen die Abmessung von A ist, gilt für den resultierenden Strahlungsfluß

$$\Phi_{1,2} = \frac{\varepsilon_\triangle}{2 - \varepsilon_\triangle}\, A\sigma(T_1^4 - T_2^4)\,.$$

Es ist die Differenz der vierten Potenzen der Körpertemperaturen maßgeblich. Befindet sich ein grauer Strahler (Temperatur T_1, Oberfläche A_1, $\varepsilon_\triangle = \varepsilon_1$) in einer vollständig umschließenden Umhüllung (T_2, A_2, ε_2) die diffus reflektiert, so wird

$$\Phi_{1,2} = \frac{A_1\sigma}{\dfrac{1}{\varepsilon_1} + \dfrac{A_1}{A_2}\left(\dfrac{1}{\varepsilon_2} - 1\right)}\,[T_1^4 - T_2^4]\,,$$

ein Zusammenhang, der in genügender Annäherung auf viele praktische Probleme anwendbar ist [2.13, 2.35].

In diesem Zusammenhang treten z. B. immer wieder die Fragen auf, wie muß ein Schirm, um einen auf die feste Temperatur T_1 aufgeheizten Körper beschaffen sein, damit die aufzuwendende Heizleistung möglichst klein wird. Die Überlegung ergibt, daß das Schirmmaterial ein

Tabelle 8. Spektraler Emissionsgrad $\varepsilon(\lambda)_n$ bei $\lambda = 655$ nm und Gesamtemissionsgrad $\varepsilon_\triangle$ in den Halbraum. Die Werte hängen stark von der Oberflächenbeschaffenheit ab. Die Werte für 2000 °C sind [2.11] entnommen

Material	$\varepsilon(\lambda)_n$	$\varepsilon_\triangle$	$\varepsilon(\lambda)_n$ bei 2000 °C	$\varepsilon_\triangle$ bei 2000 °C
Kupfer	0,11	0,2		
Molybdän	0,39	0,13	0,3	0,27
Wolfram	0,45	0,11	0,37	0,28
Wolfram porös	0,65	0,22		
Tantal	0,46	0,20	0,36	0,29
Eisen	0,39	0,25		
Nickel	0,38	0,14		
Graphit	0,82	0,85		
Hartkohle	0,8	0,8		
Al_2O_3	0,1	0,3	(bei 1000 °C)	

möglichst kleines $\varepsilon_\square$ haben und der Schirm den geheizten Strahler eng umgeben soll. Muß auf der anderen Seite möglichst viel Leistung abgestrahlt werden, dann soll das Produkt $\varepsilon_\square \sigma T^4$ groß sein, also sind möglichst hohe Temperaturen und hohes $\varepsilon_\square$ anzustreben.

In Tabelle 8 sind für einige Stoffe ungefähre Werte für $\varepsilon(\lambda)_n$ und $\varepsilon_\square$ angegeben. Man sieht, daß für den ersten Fall Molybdän, für den zweiten Kohle sehr geeignet sind, zumal Kohle bis zu hohen Temperaturen brauchbar ist, was ganz besonders ins Gewicht fällt, weil die Temperatur mit der 4. Potenz in die Strahlungsleistung eingeht.

2.3.2. Wichtige Eigenschaften einiger Materialien

2.3.2.1. Wolfram

Wie schon erwähnt, gehört Wolfram zu den Stoffen mit der größten Zugfestigkeit, die allerdings, wie bei jedem Material, von den Abmessungen und der Vorbehandlung abhängt. Bild 22 zeigt, daß die maximal erreichbaren Werte bei 4700 N/mm² liegen; die Bilder 40 und 41 geben Aufschluß darüber, daß dies für Wolfram in Drahtform nur für dünnste Drähte und bei nicht wesentlich erhöhter Temperatur gilt. Hier ist weiterhin die Einschränkung zu beachten, daß die Herstellung bis zur endgültigen Abmessung auf die gleiche Weise, in diesem Fall durch Ziehen, erfolgen muß. Dies ist bis herab zu einem Durchmesser von 10 µm möglich. Auch noch schwächere Drähte sind lieferbar, die, mit einer dünnen Goldplattierung versehen, in der Herstellungstechnik für Gitter bedeutungsvolle Dienste leisten. Solche dünnsten Drähte werden jedoch nach dem Ziehen auf andere Weise, etwa durch Beizen, in ihrem Durchmesser weiter verkleinert, so daß hier eine Extrapolation der Kurve in Bild 40 nach kleinsten Werten hin nicht erlaubt ist.

Das chemische Verhalten hängt weitgehend von der Temperatur ab. Eine Oxydation in größerem Maß an Luft oder Sauerstoff beginnt erst bei 400 °C bis 500 °C, starke Oxydation zu WO_3 auch bei sehr niedrigem Druck oberhalb 900 °C. Es erscheint jedoch erwähnenswert, daß es sich bei diesen Angaben um augenfällige Oxydationen handelt. Mit der empfindlichsten Anzeige, dem Emissionsverhalten von Kathoden, ist nachzuweisen, daß sich eine extrem sauber reduzierte Oberfläche eines Wolframsinterkörpers auch bei Zimmertemperatur schon nach wenigen Stunden Lagerung an Luft mit einer Oxidschicht überzogen hat.

Nützlich für die Praxis ist die Tatsache, daß Wolfram im Gegensatz zu Molybdän nicht von einem Gemisch aus Salpeter- und Schwefelsäure bei etwas erhöhter Temperatur angegriffen wird. Dies erlaubt die Herstellung von dünnsten Heizdrähten, auch kurz Heizer genannt, aus Wolfram. Sie werden auf einen Kerndraht aus Molybdän als fortlaufende Spirale aufgewickelt, beide zur Beseitigung von mechanischen Spannungen gemeinsam geglüht, in Stücke geschnitten und mit Aluminiumoxid bedeckt; schließlich wird der Molybdänkerndraht ausgebeizt.

Mit Kohlenstoff reagiert Wolfram oberhalb 1200 °C. Vollständige Karbidbildung zu WC tritt bei 1400 °C bis 1500 °C ein. Diese Tatsache wird für den Prozeß des Karburierens von Kathoden aus thoriertem Wolframdraht (Abschnitt 3.2) ausgenutzt.

Hier soll auf die bereits in Abschnitt 1.2.1. erwähnte Zugabemöglichkeit von bestimmten Stoffen zur Herstellung des gebrauchsfertigen Wolframs noch näher eingegangen werden. Die Zugaben, soweit sie absichtlich getätigt werden und nicht schon vom Erz herrühren, geschehen aus metallurgischen Gründen, um später eine unerwünschte Weiterkristallisation im Gebiet der Gebrauchstemperatur zu verhindern. Es werden dafür Alkalisilikate, aber auch oxidische Zusätze gewählt. Die Pulvermetallurgie, ein weit gebräuchliches Herstellungsverfahren auch für Beryllium, Molybdän, Tantal und Rhenium [2.24], erlaubt solche Zugaben in feinstverteilter Form. Am Beispiel Wolfram soll kurz darauf eingegangen werden.

Zunächst gilt es, ein brauchbares Wolframpulver herzustellen. Dies geschieht auf chemischem Weg, indem WO_3, das unter Umständen schon mit obigen Zusätzen versehen ist, in Wasserstoffgas höchster Reinheit reduziert wird. Korngröße und Kornform des entstehenden Pulvers — beides Kennzeichen, die für die Weiterverarbeitung von Bedeutung sind — hängen mit Größe und Form der Ausgangsoxide zusammen. Sie spielen für die später aufzuwendende Sintertemperatur und die Verpreßbarkeit eine Rolle [2.24].

Die aus dem beim Reduzieren entstandenen grauen Wolframpulver gepreßten Teile sollen bereits in diesem Zustand eine Festigkeit aufweisen, die eine selbständige Handhabung möglich macht. Die Feinkörnigkeit des Pulvers, die Größe seiner Oberfläche, besonders auch die Kantenbeständigkeit, sind dafür maßgebliche Größen. Andererseits kann eine gesteigerte Dichte des gepreßten Körpers gefordert sein, die kugelige Metallkörner mit glatter Oberfläche verlangen. Durch „Verschneiden" verschiedener Metallpulversorten kann ein brauchbarer Kompromiß zwischen Preßbarkeit und richtiger Dichte erzielt werden.

Die Sinterung wird bei zwei Drittel bis drei Viertel und manchmal einem noch größeren Prozentsatz der Schmelztemperatur des Metalls, das sind über 2300 °C, vorgenommen. Die Körner wachsen zusammen, die Dichte erreicht jetzt Werte von über 80% des vollkommen verdichteten, keine Poren mehr aufweisenden Materials. Bemerkenswert ist, daß die jetzt noch vorhandenen Poren bei Wolfram nicht mehr weiter zuwachsen, wenn es auch über beliebig lange Zeiten bei Temperaturen von z. B. 1100 °C betrieben wird. Diese Eigenschaft macht derart poröses Wolfram für eine bestimmte Sorte von Kathoden[37] verwendbar. Die Weiterverarbeitung zum vollkommen verdichteten Material geschieht bei höherer Temperatur durch Hämmern und weiterhin durch Ziehen bei teilweise erhöhter Temperatur. Für feinste Drähte werden Ziehdüsen aus Diamant verwendet. Eine dünne Schicht aus Graphit als Schmiermittel erleichtert das Ziehen und erschwert auch die Oxydation. Sie wird bei gewünschtem blankem Draht vom Hersteller wieder beseitigt.

2.3.2.2. *Rhenium*

Dieses Sondermetall wird oft mit Wolfram legiert. Solche Legierungen, wie auch das reine Metall, werden meist pulvermetallurgisch hergestellt. Die Sinterung geschieht bei einer sehr hohen Temperatur (90 bis 95% der Schmelztemperatur), damit Ausscheidungen vermieden werden. Das andersartig hergestellte, im Elektronenstrahl oder Lichtbogen geschmolzene Material zeigt viel gröberes Korn.

Von großer Bedeutung für Wolframdrähte, die höhere Temperaturen aushalten oder zeitweilig durchlaufen müssen, ist neben der Zugabe der bei Wolfram bereits erwähnten Stoffe eine Zulegierung von 3% Rhenium. Solche Drähte [2.31] zeigen bessere Duktilität, höhere Rekristallisationstemperatur, Zugfestigkeit, Widerstand gegen Oxydation und auch etwas höheren elektrischen Widerstand. Als Auswirkung derart verbesserter Eigenschaften kann man beispielsweise feststellen, daß die erste „Entfestigungsschwelle", die sich bei Wolfram bereits bei ca. 600 °C zeigt, durch den Rheniumzusatz auf über 900 °C angehoben wird.

Im Gegensatz zu Wolfram, das bei Normaltemperatur brüchig ist und erst bei höheren Temperaturen duktil wird, auch im Gegensatz zu Molybdän, bei dem dieser Übergang in der Nähe der Zimmertemperatur liegt, ist Rhenium selbst bei der Temperatur flüssigen Stickstoffes und auch wenn es lange Zeit sehr hohen Temperaturen ausgesetzt wird und dabei vollständig rekristallisiert, duktil.

Ebenfalls von besonderer Bedeutung ist sein chemisches Verhalten [2.30]. Rhenium widersteht flüssigem und dampfförmigem Cäsium, bildet keine stabilen Hydride, Karbide oder Nitride bei gebräuchlichen Temperaturen. Es kann aus wäßriger Lösung galvanisch, auch durch thermische Dissoziation von $ReCl_5$ und ReF_6, abgeschieden werden. Stromlose chemische Abscheidung [2.22] z. B. von Rhenium-(VII)-oxid aus einem Gemisch organischer Lösungsmittel mit anschließendem

---

[37] Sie werden in Abschnitt 3.2.2 angeführt.

Glühen und Sintern in trockenem Wasserstoff führt auf einfachere Art zu ebenfalls brauchbaren Überzügen.

Das wichtige Verhalten von Rhenium gegenüber Kohlenstoff zeigt Bild 63. Man ersieht daraus, daß zumindest bis zu einem Anteil von 30 Atom-% Kohlenstoff unterhalb 2480 °C keine beachtenswerte Reaktion stattfindet.

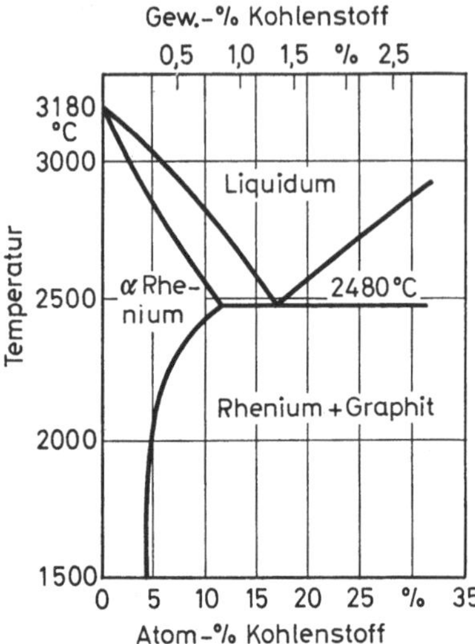

Bild 63. Zweistoffdiagramm Kohlenstoff–Rhenium (nach [2.30]).

2.3.2.3. Tantal

Tantal ist ein Werkstoff, den man keinesfalls missen möchte, auch wenn seine Behandlung ganz besondere Vorsicht erfordert. Vor allem seine Duktilität und seine schlechte Wärmeleitfähigkeit sind vorteilhaft, sie erlauben die Herstellung von dünnsten Folien mit einer Dicke von noch unter 10 μm und ihre Verwendbarkeit z. B. als Träger von Kathoden. Für eine derartige Anwendung sind Temperaturbeständigkeit und geringe Wärmeleitung von besonderer Bedeutung, doch kommen auch hier schon Nachteile zum Vorschein. Tantal reduziert BaO, das Bestandteil vieler Kathoden ist und davon in geringem Maß abdampfen kann. Es verfärbt sich bei der damit verbundenen Reaktion zu Tantaloxid dunkel, dadurch wird die Abstrahlung erhöht und die Kathodentemperatur ungewollt vermindert.

Auch das übrige chemische Verhalten muß beachtet werden. Tantal kann nicht in Wasserstoff oder Wasserstoff enthaltenden Gasen geglüht werden. Schon bei niedriger Temperatur, selbst bei Raumtemperatur, wie z. B. bei kathodischer Wasserstoffentwicklung aus Elektrolyten, nimmt es begierig Wasserstoff auf, versprödet und wird bald brüchig.

Auch bei Anwesenheit von Stickstoff nimmt es je nach Temperatur und Partialdruck diesen auf oder gibt ihn ab. Die Gleichgewichtskonzentration liegt z. B. mit 0,1 Atom-% bei 2200 °C und einem Stickstoffpartialdruck von 10^{-5} Torr oder bei 1650 °C und 10^{-7} Torr. Bei gleichzeitigem Vorhandensein von Wasserstoff wird die Aufnahme noch erleichtert.

Bei Einwirkung von Sauerstoff auf entgastes Tantal bildet sich zunächst eine äußere Borke aus Ta_2O_5, dann wächst das Oxid in die Würfelebene des Tantals ein, bildet mit ihm einen Mischkristall und überschreitet schließlich die Löslichkeitsgrenze. Beim Entgasen wird kein molekularer Sauerstoff abgegeben. Die Entgasung geschieht durch Abdampfen flüchtiger Oxide (TaO und TaO_2), die sich erst während des Ablöseprozesses bilden. Der Bildungsprozeß dieser Oxide an der Oberfläche bestimmt die Entgasungsgeschwindigkeit. Die Halbwertzeiten der Entgasung von sauerstoffhaltigen Mischkristallen bei 1 cm² Oberfläche und 1 g Tantal betragen bei 1700 °C annähernd 1000 min, bei 2050 °C etwa 10 min und bei 2250 °C schließlich 1 min. Die maximale Löslichkeit von Sauerstoff in Tantal steigt von 0,8% bei 800 °C auf 4,6% bei 1500 °C, der Gehalt an Sauerstoff bei gleichen Drähten verschiedener Hersteller wurde zwischen $5 \cdot 10^{-3}$ und $20,8 \cdot 10^{-3}$ Atom-% gemessen.

2.3.2.4. *Molybdän*

Reines handelsübliches Molybdän ist, solange es faserige Struktur hat, von knapp über Raumtemperatur nach höheren Temperaturen hin zunächst duktil. Erst bei Rekristallisation wird die Duktilität schlechter. Die Rekristallisationstemperatur liegt zwischen 1000 °C und 1100 °C, also gerade in einem Bereich, der für manche Anwendung von besonderem Interesse ist. Durch bestimmte Herstellungsverfahren[38] ist es gelungen, die dabei erzielte faserige Struktur auch bei wesentlich höheren Temperaturen beständig zu erhalten. Solches Molybdän nennt der Hersteller Hochtemperatur- (abgekürzt HT-) Molybdän.

Die überragende Bedeutung von Molybdän als Werkstoff für das betrachtete Gebiet wird durch diesen Fortschritt noch gesteigert. Ein so hergestellter Draht zeigt bis 1700 °C noch keine Rekristallisation. Die Übergangstemperatur spröde – duktil, wird nach —40 °C bis —80 °C verschoben, wodurch die Anwendung von Wärme beim Bearbeiten entfallen kann. Solches Molybdän erfordert z. B. bei der Herstellung von dickdrahtigen Heizern gegenüber Wolfram weniger Aufwand. Vor allem für Heizer, die nur zeitweise auf hoher Temperatur sind oder bei solchen, deren Temperatur nicht in Bereiche kommt, bei denen etwa schon Abdampfung von Molybdän zu befürchten ist, wird man zu die-

---

[38] Siehe den Prospekt „HT-Molybdän" der Firma Metallwerk Plansee, Reutte/Tirol.

sem Material greifen. Das Ausbeizen einer Molybdänseele, wie bei der Verwendung von Wolframdraht, ist natürlich nicht möglich.

In chemischer Hinsicht ist zunächst die Unempfindlichkeit gegen Wasserstoff erfreulich. Glühungen können somit in Schutzgas ausgeführt werden. Mit einigen geschmolzenen Metallen wie Aluminium, Kobalt, Nickel oder Eisen reagiert Molybdän stark, mit Zirkon bildet es bei ca. 1520 °C ein Eutektikum. Eine Molybdänananode, mit Zirkon bedeckt und auf diese Temperatur gebracht, ist plötzlich nicht mehr vorhanden. Mit Kohle kann Molybdän z. B. durch Elektronenstrahlschweißen verbunden werden [2.36].

2.3.2.5. Kohlenstoff

Als letzter der Stoffe, die für hohe Temperaturen geeignet sind, sei Kohlenstoff behandelt, hauptsächlich in der Modifikation als Graphit. Wegen seiner geringen Dichte, des niedrigen Dampfdruckes, des großen Abstrahlvermögens, der leichten Formgebbarkeit und der Formbe-

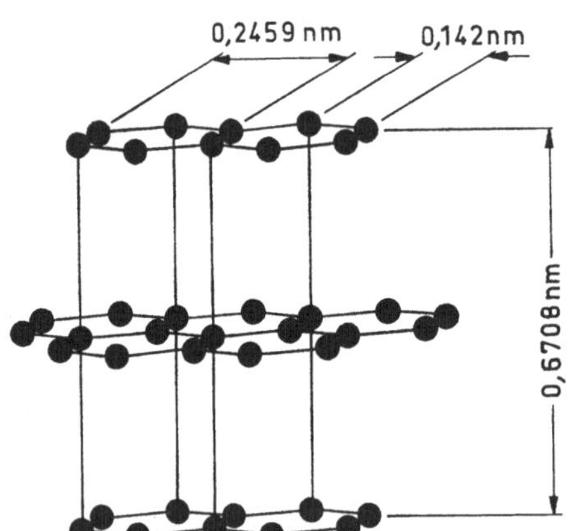

Bild 64. Kristallstruktur von Graphit.

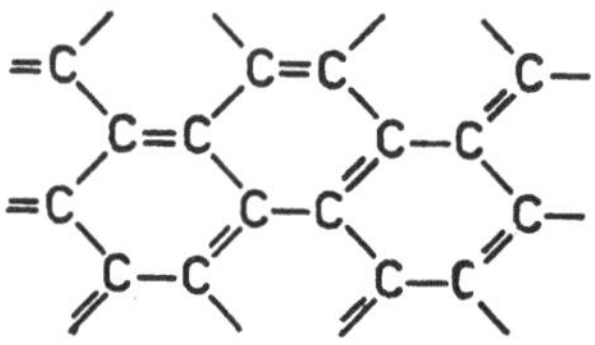

Bild 65. Die Bindung der Kohlenstoffatome im Graphit (nach [1.5]).

ständigkeit ist dies ein wichtiges Material. Fast wäre man versucht, bei dieser Aufzählung auch noch die Poren, die Graphit hat und auch bei hohen Temperaturen beibehält, zu nennen, wären diese auf der anderen Seite nicht Anlaß zu Undichtigkeit und damit zu einer Einschränkung in der Anwendungsmöglichkeit.

Aber sind allein die Poren, die etwa 20 Vol.-% ausmachen, die Ursache für mangelnde Vakuumdichtigkeit? Wir haben beim Cristobalit schon die Erfahrung gemacht, daß ein Kristallgitter von Gas durchdrungen werden kann und müssen in dieser Hinsicht auch dem Graphitgitter (Bild 64) vorsichtig gegenüberstehen. Die Art der Bindung der Kohlenstoffatome in diesem Gitter unterscheidet sich wesentlich von der, wie sie im Diamant vorliegt (Bilder 5 und 12). Graphit besteht aus hexagonalen Schichten mit einem Abstand der Schichten zueinander von ca. $3{,}4 \cdot 10^{-10}$ m. Dieser Abstand ist so groß, daß keine kovalenten Bindungen vorliegen können. Es sind schwache van der Waalsche Kräfte, die sie beieinanderhalten. Die vier Valenzen jedes Kohlenstoffatoms stehen für Bindungen zu seinen drei Nachbarn innerhalb einer Schicht zur Verfügung. Es ergibt sich ein Bindungscharakter wie in Bild 65.

Zwischen zwei einander zugekehrten, an zwei Schichten der Kohlenstoffatome angelegte Tangentialebenen schätzt man nach Bild 64 einen Abstand von $(3{,}354-1{,}420) \cdot 10^{-10}$ m $= 1{,}934 \cdot 10^{-10}$ m, der größer als der Durchmesser des Heliumatoms ist ($1{,}86 \cdot 10^{-10}$ m, Tabelle 1). Ein Hindurchdiffundieren von Helium ist somit nicht auszuschließen. Auch ohne Poren wäre Graphit nicht im strengen Sinne vakuumdicht. Bei der durch Pyrolyse hergestellten Hartkohle entstehen in sich geschlossene glatte und harte Schichten, bei denen Porigkeit weitgehend vermieden ist. Wir kommen später noch darauf zurück.

Bei der anderen Bindungsart von Kohlenstoff im Diamant ist eine Gasdurchlässigkeit nicht zu befürchten. Diamant ist aufgrund der starken kovalenten Bindung der ihn aufbauenden Kohlenstoffatome in vieler Beziehung ein außergewöhnliches Material. Auf sein Wärmeleitvermögen wurde bereits hingewiesen (Tabelle 9).

Bezüglich Graphit soll nun auf ein für die vorliegenden Zwecke infrage kommendes Material etwas ausführlicher eingegangen werden[39].

Bei seiner Herstellung wird von Koksen, Ruß und Graphit ausgegangen, die in Brechern zerkleinert und zu Pulver zermahlen werden. Durch Windsichtung werden die richtigen Korngrößen abgesondert, und diese Pulver in geeignetem Verhältnis gemischt und in der Regel gleichzeitig mit Steinkohlenpech als Bindemittel versetzt. Durch entsprechende mechanische Bearbeitung dieser Mischung erhält man eine krümelige oder grobschollige Masse, die erneut in Mühlen pulverisiert und auf diese Weise preßfertig gemacht wird. In Gesenkpressen erhält man homogene Preßkörper, frei von Rissen und Lunkern. Sie werden in luftdicht verschlossenen Kammern langsam auf 1300 °C erhitzt, dabei verkohlt das Bindemittel. Es entsteht eine harte Kohle, deren Eigenschaften und Reinheitsgrad jedoch noch ungenügend sind. Die Weiterbehandlung, das Elektrographitieren, geschieht in elektrisch beheizten Öfen bei direktem Stromdurchgang durch die Formkörper[40] bei Temperaturen um 3000 °C. Dabei wachsen die submikroskopischen

---

[39] Die Angaben sind im wesentlichen den Prospekten „Reinstgraphit" der Firma Ringsdorff-Werke, Bad Godesberg, und „Kunstkohle" der Firma Schunk & Ebe, Gießen, entnommen.

[40] Das Herstellungsverfahren gleicht somit dem, das man für Metalle als Pulvermetallurgie bezeichnet.

Kristalle zu solcher Größe, daß ein kristalliner Körper entsteht, der scharfe Interferenzen im Röntgendiagramm ergibt. Gleichzeitig können höchste Reinheitsgrade mit Verunreinigungen von weniger als $10 \cdot 10^{-4}$ Atom-%[41] erreicht werden.

Die Weiterverarbeitung der so erhaltenen Zylinder, Scheiben und Platten zu den Körpern gewünschter Form geschieht durch Sägen, Drehen, Fräsen, Bohren und Schleifen. Ultraschallreinigen und eventuelle Hochvakuumglühung des fertigen Teils führen zu einem so sauberen Produkt, daß die Vorstellung, die man in bezug auf Sauberkeit mit Kohle verbindet, gerade umgedreht wird. Die Wiederaufnahme von Gas geht bei geeigneter Lagerung langsam genug vor sich, so daß man in der Lagerzeit ausreichenden Spielraum hat.

Bild 64 zeigt, daß ein Graphitkristall in verschiedenen Richtungen unterschiedlich beschaffen ist. Das wirkt sich auch beim Pressen und Sintern aus, so daß sich beim Fertigprodukt eine gewisse Abhängigkeit der Eigenschaft von der Preßrichtung zeigt (Bild 30). Deswegen spielt auch eine Rolle, wie ein Körper bezüglich dieser Preßrichtung aus dem gesinterten Formkörper herausgearbeitet wird.

Noch stärker wird diese Abhängigkeit von der Richtung bei der schon erwähnten Hartkohle. Man schlägt solche Kohle als Schicht auf Reinstgraphit aus der Gasphase nieder. Als Überzug reicht eine Stärke von 10 µm aus. Sie mindert das chemische Reaktionsvermögen, macht die Oberfläche absolut staubdicht und, wie der Name schon sagt, außerordentlich hart. In größerem Maße kann vor allem das stark richtungsabhängige elektrische und das Wärmeleitvermögen ausgenutzt werden (Tab. 9 und 11). Angaben über erzielbare Schichtdicken schwanken, doch dürften sich die erreichbaren Werte mit zunehmenden Anstrengungen weiter erhöhen. Ob allerdings ein wirklich gasdichtes Material zu erzielen ist, wurde schon zu Beginn dieses Abschnitts als etwas kritisch angesehen.

Um dieses Ziel zu verwirklichen, kann man an andere Wege denken. Es wurde schon in Abschnitt 2.3.2.2 erwähnt, daß Rhenium keine Karbide bildet. Das Zweistoffdiagramm (Bild 63) gibt darüber Aufschluß. Erst bei 2480 °C bildet sich ein Eutektikum zwischen Kohlenstoff und Rhenium. Überzieht man somit die Kohle mit Rhenium, etwa nach einem Verfahren wie in [2.22], dann kann unter Umständen auf diesem Rheniumüberzug ein Lot zum Fließen gebracht und damit ein dichter Überzug geschaffen werden. Sollte dies gelingen, würde es dem vorteilhaften Werkstoff Kohle weitere Anwendung erschließen.

---

[41] Für 10^{-4} Atom-% wird vor allem in USA die Bezeichnung ppm (part per million) $= 1:10^{-6} \triangleq 100:10^{-6}$ % gebraucht.

Graphit ist bei Luftzutritt bis etwa 500 °C beständig. Die in den Tabellen angeführten Daten gelten nicht exakt für alle Sorten, es ist jeweils nur eine bestimmte Sorte herausgegriffen.

2.3.2.6. Kupfer

Von diesem schon oft erwähnten Material und seinen guten Eigenschaften wurde vor allem seine Duktilität hervorgehoben. Sicher wäre auch Aluminium in dieser Beziehung von großer Bedeutung und im Hinblick auf die Vakuumeigenschaften für manche Fälle sogar vorzuziehen, doch fällt Aluminium für alle Anwendungen aus, bei denen seine Schmelztemperatur, die bei 685 °C liegt, begrenzender Faktor ist. Dies ist bei vielen Prozessen nach Abschnitte 2.2. und auch bei Weiterbehandlungen der Fall. So muß man auch die unangenehmen Eigenschaften von Kupfer in Kauf nehmen. Hier soll vor allem Gasgehalt und Gasabgabe betrachtet werden.

Normales Kupfer enthält immer einen gewissen Anteil von Kupferoxid. Es erniedrigt Schmelzpunkt, Zugfestigkeit und Leitfähigkeit und führt — hier von besonderer Bedeutung — zu der sogenannten Wasserstoffkrankheit. Wird nämlich solches Kupfer in Wasserstoff geglüht, dann diffundiert dieser zu dem Kupferoxid hin und reduziert es. Das entstehende Wasser kann jedoch durch das dichte Kupfer nicht entweichen. Es bilden sich Blasen, die schließlich den Metallverband sprengen und zu Löchern und Rissen führen. Beim OFHC[42]- oder beim HLOS[34]-Kupfer sind durch besondere Herstellungsverfahren diese Oxide beseitigt, ebenso bei im Vakuum erschmolzenem Kupfer. Damit entfallen die Schwierigkeiten im Wasserstoff. Hauptbestandteil, der aus flüssig gemachtem Metall noch extrahiert werden kann, ist jetzt CO, von dem das Restgas bei allen drei Sorten 90% enthält, während die anderen noch in ihm vorhandenen Gase H_2, CH_4, CO_2 und in einem Fall SO_2 einen Anteil von 5% nicht übersteigen. Langes Vakuumglühen bringt keine wesentliche Besserung. Erst durch Zonenziehen kann der Gesamtgehalt auf weniger als 10^{-4} Atom-% abgesenkt werden, bis dahin beträgt er bis zu $20 \cdot 10^{-4}$ Atom-%.

Oberhalb 200 °C oxydiert Kupfer in sauerstoffhaltiger Atmosphäre. Man muß z. B. in seiner Nähe Kathoden vermeiden, die oxydierende Gase abgeben, wenn es solche Temperaturen angenommen hat.

Kupfer ist ein so zuverlässig dichtes Material, daß es auch mit schwacher Wandstärke als Teil einer Vakuumhülle verwendbar ist.

---

[42] OFHC: Oxygen Free High Conductivity. Handelsname der Firma American Metal Clemax Inc.

[43] HLOS: Hohe Leitfähigkeit Ohne Sauerstoff. Handelsname der Firma Wielandwerke, Ulm.

2.3.2.7. *Titan und Zirkon*

Titan ist uns bereits im Abschnitt 2.2.2. begegnet. Dort wurde sein
Reaktionsvermögen zur Herstellung einer Verbindung mit Keramik
ausgenutzt. Hier spielt das hohe Aufnahmevermögen [2.18] beider
Metalle für Sauerstoff, Stickstoff, Wasserstoff und den Kohlenoxiden
eine Rolle. Dies hat zu Verdampfer- und Ionengetterpumpen und zu
nicht verdampfbaren Gettern geführt. Im Abschnitt 2.3.3. soll näher
darauf eingegangen werden.

Titan (882 °C) und Zirkon (862 °C) wandeln sich bei höheren
Tamperaturen von hexagonaler Kristallstruktur in kubische um. Dabei ändern sich auch die Eigenschaften, was in manchen Fällen zu
berücksichtigen ist.

2.3.2.8. *Hinweise zur Bearbeitung und Vorbehandlung*

Es ist hier nicht der Rahmen, Bearbeitungsmethoden von Werkstoffen
allgemein zu behandeln. Einige Hinweise können jedoch von Nutzen
sein. Mit Ausnahme von Wolfram, das heiß verarbeitet werden muß,
sind für die angeführten Materialien keine Sondermaßnahmen erforderlich. Sie können spanabhebend bearbeitet, gezogen und gedrückt werden. Man kann nahtlos gezogene Molybdän- und Tantalrohre bis herab
zu 1 bzw. 2 mm Durchmesser beziehen, für spezielle Zwecke sogar
selbst fertigen . Aus Molybdän kann man durch Stanzen feinste Gitter
mit exakten Abmessungen herstellen.

Wolfram muß heiß verarbeitet werden. Deswegen werden Formkörper in ihrer endgültigen Form im allgemeinen vom Herstellerwerk
bezogen. Korrekturen in den Abmessungen sind mit Schleifen durchführbar. Nur wenn es sich um poröses Material handeln darf, das also
allein durch einen Sinterprozeß ohne anschließende Weiterverdichtung
hergestellt werden kann, ist die Eigenfertigung ohne allzu großen Aufwand möglich, vielleicht sogar notwendig.

Eine Bearbeitungsmöglichkeit für Wolfram erschließt auch die
elektroerosive Verarbeitung [2.37, 2.42], kurz als Funkenerosion bezeichnet. Der Name sagt schon, daß dabei als Auswirkung des Über-
springens eines elektrischen Funkens Material abgetragen wird. Das
Verfahren ist somit nur bei Werkstoffen anzuwenden, die elektrisch
leitend sind.

Die Vorteile bestehen darin, daß durch einfaches Absenken und
meist ohne Rotation berührungslos gearbeitet werden und daß die
Elektrode dafür aus gut bearbeitbaren Werkstoffen wie Kupfer, Mes-
sing, Stahl, Graphit sein kann. Das wichtigste Anwendungsgebiet ist
die Herstellung von Innenformen. Die Elektroden, die in diese Innenformen hineinpassen, sind somit — was viel einfacher zu bewerk-

stelligen ist — außen bearbeitbar. Demzufolge können auch Bohrungen und Durchbrüche mit komplizierten Profilen in großer Zahl mit einem einmal dafür vorhandenen Werkzeug gefertigt werden. Die Härte des Werkstoffmaterials beschränkt nicht die Bearbeitungsmöglichkeit.

Speziell für so duktile Materialien wie Kupfer ist das Fließpressen von Bedeutung. Der angewandte Druck ist hierbei so groß, daß das Material zum Fließen kommt und einen vorgegebenen Hohlraum ausfüllt.

Andere Verfahren, die in den Vordergrund rücken, kann man unter dem Begriff Hochgeschwindigkeitsbearbeitung zusammenfassen [2.17, 2.24]. Die zur Verformung notwendige Energie kommt dabei entweder von Explosivstoffen, Druckwellen (aus einer Funkenentladung oder Drahtexplosion) oder von Magnetfeldern.

Verfahren mit Ultraschall schaffen bei Keramik bislang nicht vorhandene Möglichkeiten. Bekanntlich wurden Löcher usw. in diesem spröden Werkstoff bis jetzt in grünem oder vorgebrannten Zustand angebracht. Durch den Schwund beim Fertigbrennen veränderten sich aber die Maße so, daß die Anforderungen an Toleranzen nicht sehr hoch sein durften. Mit speziellen, mit Diamant belegten rotierenden Bohrern unter gleichzeitiger Überlagerung von Ultraschall können auch feine Löcher in fertig gebrannter Keramik mit höchster Genauigkeit angebracht werden.

Alle bearbeiteten Werkstoffe müssen spätestens vor Einbringung in den zu evakuierenden Raum entsprechend gesäubert werden. Zunächst geschieht dies mit chemischen Methoden, indem mit geeigneten Lösungs- oder auch Beizmitteln die grobe Verschmutzung entfernt wird. Besonders wirksam zur Beseitigung von Fett- oder Ölresten ist die Einbringung in den Dampf des erhitzten Lösungsmittels im geschlossenen Raum.

Doch auch diese Methode ist in vielen Fällen noch nicht ausreichend. Man ist erst dann sorgfältig genug vorgegangen, wenn anschließend noch in Vakuum oder in Schutzgas so hoch wie möglich geglüht wird. Tantal beispielsweise kann man nicht in Schutzgas glühen. Bei Materialien, bei denen dies jedoch möglich ist wie z. B. Molybdän, Eisen, Nickel oder Kobalt zieht man Schutzgasglühung vor. Das Gas, in dem geglüht wird, kann zunächst sogar oxydierende Bestandteile enthalten, um unerwünschte, im Werkstoff vorhandene oder an ihm anhaftende Komponenten — dazu gehört u. U. auch Kohlenstoff — zu verbrennen. Erst danach wird auf ausschließlich reduzierende Atnmosphäre umgeschaltet. Die zuvor eingetretene Oxydation wird dabei wieder beseitigt.

Am einfachsten werden die benötigten verschiedenen Atmosphären dadurch erzeugt, daß grundsätzlich von sehr trockenem Schutzgas

(Taupunkt: —40 °C) ausgegangen wird und dieses, wenn es oxydierend beladen werden soll, durch Wasser von erhöhter Temperatur geleitet wird. Natürlich muß sich in solchem Fall auch die Zuleitung vom Wassergefäß bis zum Glühgefäß auf ebenfalls erhöhter Temperatur befinden.

2.3.2.9. Vergleichsdaten

Es soll in den Tab. 9 bis 11 und in Bild 66 eine Aufzählung charakteristischer physikalischer Größen für die verschiedenen Materialien, die für die Konstruktion und den Betrieb von Vakuumgefäßen eine Rolle spielen, vorgenommen werden. Der Übersichtlichkeit halber werden sie teilweise noch mit Daten ergänzt, die bereits an anderer Stelle angeführt sind. Grundsätzlich sollen diese Angaben jedoch nichts weiter als Anhaltspunkte sein. Oberflächenbeschaffenheit, Variationen im

Tabelle 9. Dichte ϱ, Wärmeleitfähigkeit λ und spezifische Wärmekapazität c bei verschiedenen Temperaturen. Die Werte für 2000 °C sind [2.11], die Werte für Diamant [2.6] entnommen

Material	Temperatur in °C	ϱ in g/cm³	λ in WK⁻¹ cm⁻¹	c in Jg⁻¹ K⁻¹
Kupfer	20	8,96	3,9	0,39
	700		3,5	
Wolfram	20	19,3	1,6	0,13
	700		1,4	
	2000		1,6	
Molybdän	20	10,2	1,35	0,25
	2000		1,20	
Tantal	20	16,6	0,54	0,14
	2000		0,62	
Titan	20	4,54	0,15	
FeNiCo				
FeNiCr	20		0,16	0,6
Edelstahl				
Graphit	60	1,6	1,2	0,8
	1000		0,5	
Hartkohle		2,1	3,8[1]	
			0,04[2]	
Diamant	20	3,52	6,3	
Al₂O₃, 99% rein	20	3,8	0,3	0,9
	400		0,1	
BeO, 98% rein	20	2,9	2,1	
	400		0,7	
Saphir	20	3,98		7,6
(synthetisch)	100		0,28	
			(60 ° gegen C-Achse geneigt)	

$\overline{}$ ¹ parallel zur Schicht;   ² senkrecht zur Schicht

Tabelle 10. Dampfdruck bei erhöhter Temperatur
und Schmelztemperatur einiger interessanter
Materialien

Material	Schmelz-temperatur in °C	Dampfdruck bei °C	in Torr
Indium	156	500	10^{-8}
		800	$3 \cdot 10^{-4}$
Silber	961	600	10^{-8}
		800	$4 \cdot 10^{-4}$
Kupfer	1083	750	10^{-8}
		1000	$2 \cdot 10^{-5}$
Nickel	1453	900	10^{-8}
Eisen	1535	900	10^{-8}
Titan	1680	1050	10^{-8}
		1500	$2 \cdot 10^{-4}$
Platin	1769	1300	10^{-8}
Zirkon	1845	1500	10^{-8}
Molybdän	2620	1600	10^{-8}
		2300	$5 \cdot 10^{-4}$
Tantal	2997	1950	10^{-8}
		2800	10^{-3}
Wolfram	3380	2050	10^{-8}
		2950	10^{-3}
Graphit	>3600 (subl.)	1200	$3 \cdot 10^{-15}$
		1700	10^{-8}
Al_2O_3	2015		
BeO	2550		

Tabelle 11. Vergleichsdaten zwischen Kupfer, einer bestimmten
Graphitsorte und Hartkohle

Material	Temperatur in °C	Spez. elektr. Wider-stand in Ω cm	Zugfestigkeit in N/mm^2
Kupfer	20	$1{,}75 \cdot 10^{-6}$	400
	500	$5{,}3 \ \cdot 10^{-6}$	60
Graphit	20	$2{,}6 \ \cdot 10^{-3}$	21
	400	$2{,}0 \ \cdot 10^{-3}$	
	1000	$1{,}54 \cdot 10^{-3}$	25
	1200	$1{,}5 \ \cdot 10^{-3}$	33
Hartkohle	20	$110 \quad \cdot 10^{-3}$ [1]	
		$1{,}25 \cdot 10^{-3}$ [2]	

[1] senkrecht zur Schicht; [2] parallel zur Schicht

Herstellgang, erzielte Reinheit drücken sich auch in den Eigenschaften
aus, so daß Zahlenangaben meist nur dann auf mehrere Dezimalen
übereinstimmen, wenn sie aus gemeinsamer Quelle stammen. Eine gewisse Willkür bei der Auswahl ist also unumgänglich.

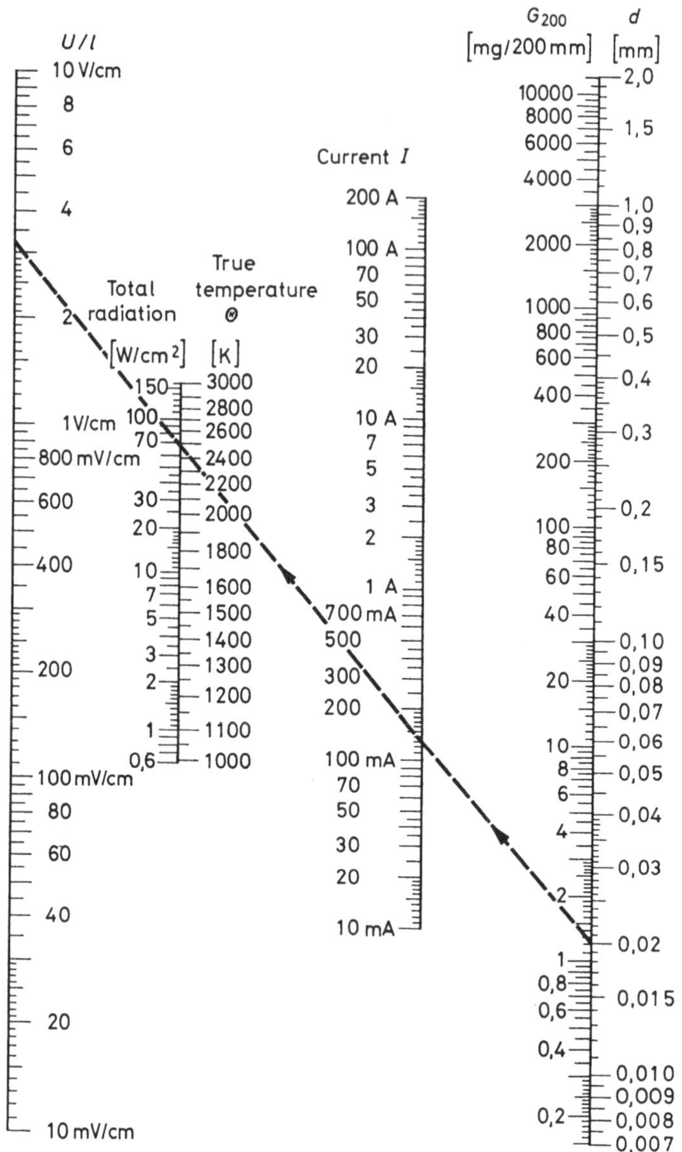

Bild 66. Wolframdraht. Zusammenhang zwischen Strom, Spannung und Drahtdicke bei verschiedenen Temperaturen (nach [2.7]).

2.3.3. Störungen

Jede Kathode „lebt" im Gleichgewicht mit ihrer Umgebung [2.28].
Diese Erkenntnis bezieht sich nicht nur auf Kathoden, sondern letzten
Endes auf alle Materialien im Vakuum und auf alle Prozesse, die sich dort

abspielen. Daß dieser Satz zunächst für eine Kathode formuliert ist, rührt einfach daher, daß diese ein höchst empfindliches Anzeigeinstrument für alle auftretenden Störungen darstellt.

Die Höhe ihrer Emission gibt nämlich auch Aufschluß darüber, ob der vorausgegangene Pump- und Reinigungsprozeß genügend weit getrieben wurde, ob die Stoffe, die von Elektronen getroffen werden, keine die Emission schädigende Komponenten abgeben, ob die Zusammensetzung des Restgases ein Gleichgewicht zwischen Zerstörung und Neuschaffung von Emissionszentren zuläßt, das soweit zugunsten des letzteren Prozesses verschoben ist, daß die Ansprüche an die Höhe der Emission zufriedenzustellen sind. Je weiter diese Ansprüche gehen, umso größer wird die Mühe sein, das von der Kathode zu beanspruchende Umgebungsklima auch wirklich zu schaffen.

Aber nicht nur die Kathode signalisiert, ob irgend etwas nicht in Ordnung ist. Es kann beispielsweise sein, daß Gase vorhanden sind, die die Emission wenig stören oder im Betrieb gar nicht zur Kathode gelangen.

Die aus einer Kathode in einem Vakuumgefäß kommenden Elektronen müssen beschleunigt werden. Dazu müssen Elektroden vorhanden sein, an die verschiedene Potentiale angelegt werden können und die aus diesem Grunde zueinander isoliert gehalten werden müssen. Die Isolationsstrecken sollen einen hohen ohmschen Widerstand haben, damit der Aufwand bei den Stromversorgungsgeräten kleingehalten werden kann. Auf alle Fälle soll dieser Widerstand von definierter und konstanter Höhe sein. Niederschläge auf der Isolationsstrecke, wie sie z. B. durch Aufdampfungen entstehen, vermindern ihn, können zu Gleitentladungen und zur Unbrauchbarkeit eines Gefäßes führen. Sollte eine Kathode für höchste Ansprüche gefordert werden, dann verlangt die notwendige Erfüllung des dynamischen Gleichgewichtes, daß ihr eine bestimmte Abdampfung zugestanden wird. Diese ist somit unumgänglich; es verbleibt jedoch immer noch die Möglichkeit, durch geeignete Maßnahmen die schädlichen Auswirkungen z. B. einer solchen Verdampfung zu verhindern. Es ist oft leichter, diesen verhältnismäßig einfachen Ausweg zu wählen als zu versuchen, durch alle möglichen Anstrengungen Besserung zu schaffen. Oft allerdings führen nur beide Wege gemeinsam zum Ziel.

Nicht immer ist die sauberste Oberfläche eines Isolators auch die brauchbarste. Extrem hohe Widerstände lassen keinen stetigen Ausgleich von Ladungen zwischen benachbarten Stellen zu. Derart verschiedene Aufladung kann jedoch entstehen, wenn lokal Elektronen auftreffen und Sekundärelektronen auslösen oder wenn durch harte Wellenstrahlung Photoelektronen aus dem Isolator befreit werden. Es kann deswegen von Nutzen sein, die Oberfläche leitend zu machen und zwar mit ausreichend hohem ohmschen Widerstand, damit die schon erwähnte Strombelastung, aber auch die dielektrischen Verluste (Abschnitt 1.3.2.) nicht ins Gewicht fallen.

So kann man die meisten Probleme, die mit Störungen zusammenhängen, auf Restgase, Verdampfungen und Überzüge zurückführen.

2.3.3.1. Restgase

Meist haben die Einbauteile vor dem Pumpprozeß schon eine sorgfältige Vorbehandlung erfahren. Dabei muß vor allem darauf geachtet werden, daß an oder in ihnen vorhandene Komponenten, die zur Verflüchtigung eines Reaktionspartners bedürfen, wie Kohle oder Fette, weitgehend beseitigt werden. Der endgültige Pumpprozeß wird im Vakuum durchgeführt. Angelagerte und okkludierte Gase werden dabei freigemacht und abgepumpt.

Man weiß, daß die Anwendung erhöhter Temperatur den Ablauf aller Vorgänge, auch den der Befreiung der Materialien von anhaftenden und eingeschlossenen Gasen, stark beschleunigt. Somit wendet man immer erhöhte Temperatur an, um eine Reinigung durchzuführen. Zunächst wird das ganze Gefäß in einem Ofen bis etwa 500 °C ausgeheizt. Wasserhäute und leicht entfernbare Anlagerungen sind damit zu beseitigen. Wenn dieser Ausheizprozeß so geschieht, daß das Gefäß selbst nochmals von Vakuum umgeben ist, ist man sicher, daß keine Diffusion von Gasen durch seine Hülle hindurch oder in sie hinein erfolgen kann (Abschnitt 1.2).

Diese Ausheizung ist in der Regel jedoch nicht ausreichend. Die Energie, die ein bewegtes Molekül auf ein anderes übertragen kann, ist mit der Größe kT verknüpft (k Boltzmann-Konstante) und damit umso größer, je höher die Temperatur T ist. Man versucht deshalb, einzelne Teile so hoch wie möglich, soweit es die Nebenbedingungen überhaupt zulassen, bei laufender Pumpe zu erhitzen. Dazu ist es notwendig, ausreichend Energie zuzuführen, wenn die Vakuumhülle es zuläßt, z. B. mit Hilfe eines Glühsenders durch Einkopplung von Hochfrequenzenergie, in anderen Fällen mit direktem Stromdurchgang. U. a. ist dabei darauf zu achten, daß der Dampfdruck der Materialien (Tabelle 10), auch derjenigen die ungewollt miterhitzt werden, klein genug bleibt, damit nicht schon hierbei störende Niederschläge erzeugt werden. Solche Niederschläge können nicht nur Leitfähigkeit verursachen. Sie führen z. B. auf Glas, durch das hindurch man mit dem Pyrometer Temperaturen bestimmen will, zu gravierenden Fehlmessungen.

Aber selbst eine bis zu äußerster Grenze betriebene Ausheizung und Glühung ist nicht ausreichend. Ein anschließendes Elektronenbombardement setzt immer noch beträchtliche Gasmengen frei. Die Energie kT mit $k = 1{,}38 \cdot 10^{-13}$ J K^{-1} ist in der Tat klein gegenüber der

Energie eV, die ein Elektron mit sich führt, das die für die Bombardierung maßgebende Spannung V durchlaufen hat. Ist diese z. B. nur 10 V, dann ist $eV = 1,6 \cdot 10^{-18}$ J, während eine Temperatur von 1000 K für $kT = 1,38 \cdot 10^{-20}$ J ergibt, also einen hundertmal kleineren Wert. Besonders überraschend kann sich dieser Unterschied auswirken, wenn z. B. Fremdschichten, die ein Kathodengift darstellen, von der **Kathode** aus „sichtbar" auf einer Elektrode adsorbiert sind. Durch Ausheizen sind solche Schichten nicht zu entfernen. Bombardiert man aber mit Elektronen, dann setzt schon bei wenigen Volt Beschleunigungsspannung ein erstaunlich schneller Verfall der Emission ein. Solche Gifte sind z. B. Blei auf Kupfer für Thor-Wolfram-Kathoden oder Zink für Kathoden auf Bariumbasis.

Wie sollte man es jedoch auf der Pumpe bewerkstelligen, alle Teile, die später von Elektronen getroffen werden, schon vorab zu bombardieren? Die Elektronenbahnen und damit die Stellen, wo die Elektronen auftreffen, hängen z. B. nicht nur von einwirkenden Magnetfeldern, sondern auch von den angelegten Spannungen, die einzelne Elektroden gegeneinander führen, und damit von der Art des Betriebes ab. Bei Beaufschlagung mit Hochfrequenz ist dies anders, als wenn nur Gleichspannungen angelegt sind. Man muß somit damit rechnen, daß nach Entfernung des Gefäßes von der Pumpe immer noch Gase frei werden, die das einwandfreie Arbeiten beeinträchtigen. Auch jetzt muß noch die Möglichkeit bestehen, diese Gase unschädlich zu machen. Dazu werden sogenannte Getter benutzt.

Oft ist man zunächst nicht in der Lage zu entscheiden, ob eine bestimmte Gasmenge von außen einströmt oder aus Innenteilen und Wänden freigemacht wird. Schon auf der Pumpe wird man möglichst nach dem Ausheizen — um eventuell vorhandene Lecks freigelegt zu haben — mit dem Lecksucher undichte Stellen aufzuspüren versuchen. Befächelt man das Gefäß aus einer Düse mit Helium und nähert man sich mit dieser Düse einer undichten Stelle oder, für genauere Prüfung, schafft man um das ganze Gefäß oder Teile davon eine Heliumatmosphäre, dann können Heliumatome ins Innere eindringen. Bei Verwendung eines Massenspektrographen lassen sich schon ganz geringe Spuren eingedrungenen Heliums nachweisen.

Quantitativ erfaßt man eine Einströmung mit dem Begriff Leckrate. Sie ist gekennzeichnet durch das Produkt aus Druckanstieg und Volumen dividiert durch die Zeit und wird heute noch durchweg in Torr $\mathrm{l s^{-1}}$ angegeben. Ohne besonderen Aufwand, d. h. bei routinemäßiger Vorprüfung eines Gefäßes, kann man mit dem Heliumlecksucher Leckraten von 10^{-8} Torr $\mathrm{l s^{-1}}$ erfassen. Ein solcher Wert bedeutet, daß der Druck bei 1 l Inhalt in 100 000 s also in etwas mehr als einem Tag, auf 10^{-3} Torr ansteigt, wenn die einströmenden Gase nicht im Inneren gebunden werden. Eine solche Leckrate ist für Gefäße, die lagern müssen und bei deren Betrieb höchste Anforderungen an Sauberkeit zu stellen sind, völlig ungenügend. Diese Prüfung erlaubt somit nur das Erkennen wirklich grober Undichtigkeiten. Ihre Lokalisierung kann aber die Möglichkeit ergeben, sie zu beseitigen.

Direkt nach dem Ausheizen und u. U. bei noch hoher Temperatur, wenn man die Gewähr hat, daß nicht etwa feinste Kapillaren durch eingedrungene Feuchtigkeit verstopft sind, kann die Genauigkeit bei der Leckratenbestimmung noch um etwa 4 Zehnerpotenzen weitergetrieben werden. Abgesehen davon, daß man dann schon in Bereiche kommt, bei denen sich die Heliumdurchlässigkeit von Glas bemerkbar macht, sind solche Werte immer noch nicht ausreichend. Der Aufwand, der bei der Auffindung eines so kleinen Lecks getrieben werden muß, lohnt nicht. Selbst wenn er über die Einströmung von außen genügend Aufschluß gibt, ist das, was aus dem Inneren frei wird, damit nicht erfaßt. Erfahrungsgemäß ist dies immer noch so viel, daß ohne Getter nicht auszukommen ist bzw. daß man sich diese Hilfe, wenn irgend möglich, zunutze zu machen sucht. Vor allem Kathoden, insbesondere wenn sie sehr hoch belastet sind, sind empfindlichste Anzeigen für das Vorhandensein spezieller unerwünschter Restgase. Nur nebenbei sei erwähnt, daß es bei der Lecksuche günstig ist, daß die angewandten Getter keine Edelgase, also auch kein Helium aufnehmen. Bei der hohen Pumpgeschwindigkeit der Getter wäre im anderen Fall Lecksuche noch illusorischer. Andererseits eröffnet sich hier ein Weg, Edelgase von anderen Bestandteilen zu reinigen.

Getter bestehen aus Stoffen, die in der Lage sind, größere Mengen von Gasen zu binden. Dieses Binden kann z. B. über eine chemische Reaktion erfolgen, so wie dies bei dem am weitesten verbreiteten Getter, das es je gab, dem Bariumgetter, der Fall ist. Es zählt zu den Verdampfungsgettern. Dieser Begriff besagt, daß Barium in dem in Fertigstellung begriffenen Gefäß aus einer gegen Reaktion mit Luft weitgehend stabilisierten Legierung heraus durch Erhitzen verdampft wird, daß sich hierbei das reaktionsfreudige freie Barium auf einen Teil der Gefäßwand als Getterspiegel niederschlägt und an seiner großen Fläche Reaktionspartner einfängt, wobei nicht flüchtige Verbindungen mit dem Barium gebildet werden. In Milliarden von Rundfunkröhren sind solche Getter verwendet worden. Wurde eine solche Röhre nachträglich geöffnet, so änderte sich der Getterspiegel sofort und wurde milchig weiß. Hatte er dieses Aussehen bereits in der nicht geöffneten Röhre, wußte man, daß diese undicht ist. Der Luftzutritt hatte das verdampfte Bariumgetter für seine weitere Funktion unbrauchbar gemacht.

Heute kommen mehr und mehr andere Arten von Gettern zur Anwendung. Sie werden nicht aus einer Verdampfung heraus betriebsbereit. Sie beanspruchen somit keine Oberfläche, auf der sie sich niederschlagen. Es entsteht auch keine Leitfähigkeit durch eventuelle Kondensation des Getterdampfes an falscher Stelle. Man kann zudem die Gettermenge je nach Bedarf wählen, was beim Verdampfungsgetter bei vorgeschriebener Oberfläche durch die zunehmende Dicke des Niederschlags und sein eventuelles Abblättern ebenfalls nicht möglich ist. Solche nicht verdampfenden, in bestimmter Substanzmenge hergestellten und geformten Getter (bulk getters) basieren meist auf Stoffen aus der Gruppe IVa des Periodensystems, vor allem Zirkon und Titan, deren Verhalten gegenüber bestimmten Gasen schon erwähnt wurde (Abschnitt 2.3.3.7.). Das Beispiel Zirkon soll hier weitergehend behandelt werden.

Zirkon löst Sauerstoff, Stickstoff, CO und CO_2 in großen Mengen in seinem Kristallgitter. Dieser Lösung geht eine Adsorption an der Oberfläche voraus; sie findet schon bei Zimmertemperatur statt. Aus Wasserstoff von Normaldruck z. B. wird das 1500-fache des Zirkonvolumens aufgenommen. Die Aufnahme von Gasen verlangsamt sich mehr und mehr, je weitergehend die Oberfläche des Zirkon belegt ist, und schließlich kommt sie ganz zum Stillstand. Bei Anwendung erhöhter Temperatur jedoch werden die adsorbierten Gase ins Innere des Kristalls transportiert. Damit wird die Oberfläche wieder aktionsfähig und kann von neuem Gase adsorbieren. Daraus folgt, daß für Getter auf der Basis Zirkon zweierlei Vorkehrungen zu treffen sind: Schaffen einer möglichst großen Zirkonoberfläche und Vorsehen von Möglichkeiten, das Zirkon zumindest zeitweise zu erhitzen.

Schon seit Jahrzehnten fand Zirkonpulver als Getter in Sendetrioden Verwendung. Dort wurde es auf dem Gitter entweder als Suspension aufgespritzt oder auch elektrophoretisch abgeschieden und dann bei mehr als 1000 °C in gutem Vakuum gesintert. In dieser Form wurde das Gitter in die Röhre eingebaut. Sie konnte danach verschlossen und an die Pumpe angesetzt werden. Beim nachfolgenden Ausheizen und anschließendem Elektronenbombardement wurde auch das Zirkon auf dem Gitter an seiner Oberfläche so gereinigt, daß es beste Getterfähigkeit erlangte.

Eine Sendetriode für hohe Leistungen wird am Gitter immer bis in positive Spannungen hinein ausgesteuert, so daß an ihm Verlustleistung entsteht. Infolgedessen lag hier die ideale Bedingung vor, daß das Zirkon im Betrieb der Röhre auf höherer Temperatur war und die angelagerten Gase laufend nach dem Inneren diffundierten. Nur mit Hilfe eines derartig wirksamen Getters dürfte es damals möglich gewesen sein, die empfindlicheren Thor-Wolfram-Kathoden bis in die

Bereiche höchster Röhrenleistung anzuwenden. Bei strahlungsgekühlten Senderöhren trug oft auch die Anode einen Zirkonüberzug. Einige Bereiche der bedeckten Oberfläche blieben im Betrieb immer auf niedrigerer Temperatur. Das ist die Voraussetzung dafür, daß auch Wasserstoff ausreichend gegettert wird.

Um die hervorragende Getterfähigkeit von Zirkon auch da weitgehend nutzbar zu machen, wo solch ideale Betriebsbedingungen nicht von selbst gegeben sind, wurde die Getteroberfläche, soweit irgend möglich, vergrößert und eventuell eine getrennte Heizmöglichkeit vorgesehen. Bemühungen, einen Zirkonkörper mit möglichst hoher Poro-

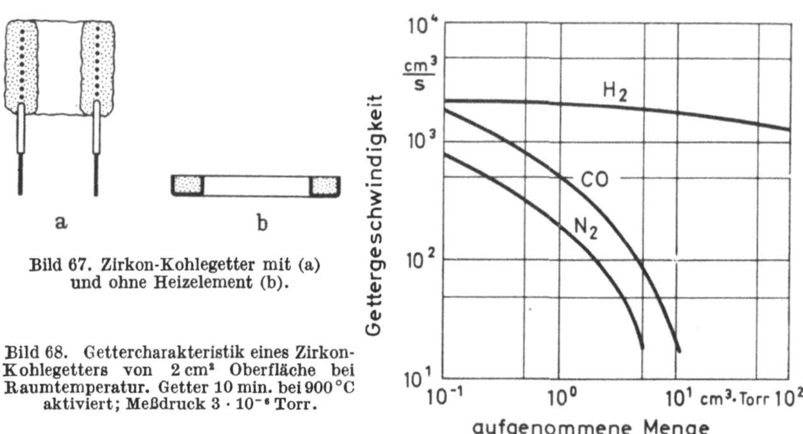

Bild 67. Zirkon-Kohlegetter mit (a) und ohne Heizelement (b).

Bild 68. Gettercharakteristik eines Zirkon-Kohlegetters von 2 cm² Oberfläche bei Raumtemperatur. Getter 10 min. bei 900 °C aktiviert; Meßdruck $3 \cdot 10^{-6}$ Torr.

sität herzustellen, denn nur auf diese Art läßt sich bei seinem vorgegebenen äußeren Umfang eine große Oberfläche erreichen, waren durch Zumischnug anderer Metalle erfolgreich [2.15, 2.19] und führten zur weiten Anwendung der auf solche Weise hergestellten Getter[44].

Eine weitere Erhöhung der Porigkeit wird erreicht, wenn aus einem Gemisch von Zirkon und Kohlepulver bei hoher Temperatur ein Sinterkörper hergestellt wird [2.41]. Dieser kann um einen Heizer herum angebracht und somit im Inneren eines Gefäßes bei entsprechender Stromzuführung für sich geheizt werden (Bild 67a). Er kann sich auch in einem durch Hochfrequenz heizbaren Ring befinden und dann an Stellen verwendet werden, die für Hochfrequenz von außen zugänglich sind (Bild 67b). Durch die zeitweilige Anwendung von erhöhter Temperatur (900 °C) wird die Gettermasse auf beste Getterkapazität eingestellt. Schon ein gewöhnlicher Ausheizprozeß bei etwa 500 °C führt zu einem brauchbaren Getter, wenn auch nicht von gleicher Qualität.

---

[44] Handelsbezeichnung der Firma SAES, Mailand, für eine Masse aus Zirkon mit Aluminium ist „St 101".

In Bild 68 ist für Wasserstoff, Kohlenmonoxid und Stickstoff für ein derartiges bei 900 °C vorbereitetes Getter mit 2 cm² Oberfläche[45] die Abhängigkeit der Gettergeschwindigkeit von der bereits gegetterten Gasmenge angegeben. Das Getter arbeitet bei Zimmertemperatur. Ist seine Aufnahmefähigkeit erschöpft, so kann durch eine erneute Aktivierung wieder die Ausgangsqualität erreicht werden. Bei einem Dauerbetrieb mit 400 °C wird für Kohlenmonoxid und Stickstoff die gleiche Gettergeschwindigkeit noch bei Aufnahme einer rund zehnfachen Gasmenge erreicht. Die Gettergeschwindigkeit für Wasserstoff ist bei 300 °C etwas höher, verläuft aber ganz ähnlich.

Mit nicht verdampfbaren Gettermassen wie „St 101" werden heizbare Appendixpumpen gefertigt[46], die gewissermaßen als Getter großer Kapazität während der ersten Betriebszeit an kritischen Gefäßen angebracht sind. Solche Pumpen sind von Interesse, wenn bei Verwendung von Zerstäuberpumpen das dafür notwendige Magnetfeld oder das Gewicht des Magneten stört.

Eine andere Art, in abgeschmolzenen Gefäßen Vakuum aufrechtzuerhalten, sind in Parallele zu den verdampfbaren Gettern Verdampferpumpen, bei denen durch hohe Temperaturen (z. B. durch Elektronenbombardement) eine bestimmte Menge Titan verdampft wird. Der dabei entstehende Titanspiegel pumpt (gettert) und wird erneuert, so bald er aufgebraucht ist. Ob in Zukunft solche Verdampferpumpen oder heizbare Gettersinterkörper großer Abmessungen verwendet werden, hängt sicher stark von den äußeren Umständen bei den jeweiligen Anwendungen ab. Aber damit berühren wir bereits das Gebiet, Vakuum überhaupt zu erzeugen, was nicht Thema dieses Buches sein soll.

2.3.3.2. *Verdampfung*

Es ist einem Vakuumgefäß ziemlich eindeutig anzumerken, wenn es schon längere Zeit in Betrieb war. Auf seinen Innenteilen und auf der Innenfläche seiner Hülle sind Niederschläge sichtbar. Hohe Temperaturbeanspruchungen verändern u. U. auch das Äußere. Öffnet man das Entladungsgefäß, dann stellt man einen typischen, nicht gerade angenehmen Geruch fest. Diese letztere Feststellung aber heißt, daß reaktionsfreudige Bestandteile vorhanden sind, die mit Luft oder vielleicht ihrer Feuchtigkeit reagieren. Irgendwann während des Pumpens oder des Betriebes müssen also solche Stoffe freigesetzt worden sein.

Um richtig zu entgasen und auch teilweise im Betrieb müssen so hohe Temperaturen zugelassen werden, daß aus den festen Substanzen

---

[45] Der Druckschrift „Non-Evaporable Gettering Devices, St 171-Series" der Firma SAES, Mailand, Ausgabe Sept. 72 entnommen.

[46] Siehe Druckschrift „Sorb-Ac Appendage Getter Pumps" der Firma SAES, Mailand.

merkbar Dampf gebildet wird. Ganz allgemein bezeichnet man den direkten Übergang vom festen in den gasförmigen Zustand als Sublimation. Sie ist in ihrer Größe von der Temperatur abhängig. Dies ist einfach einzusehen, weil es ja die Atome oder Moleküle von innen her sind, die die Atome aus der Oberfläche in den Raum hinausstoßen, und diese Stöße werden umso heftiger, je höher die Temperatur ist. Auch gelingt dies umso leichter, je schwächer die gegenseitigen Bindungskräfte in dem verdampfenden Stoff sind. Es stellt sich an der Oberfläche ein bestimmter Dampfdruck, ein von der Temperatur abhängiger Sublimationsdruck, ein. Solange diesem Druck nicht aus dem Raum in den die Substanz hineinverdampft, das Gleichgewicht gehalten wird, sublimiert sie immer weiter. Dies letztere ist im Vakuum der Fall, denn die verdampfenden Atome treffen immer auf wesentlich kühlere Stellen auf und kondensieren dort.

Tabelle 10 gibt Auskunft über den Dampfdruck einiger wichtiger Stoffe. Mit diesen Werten kann man allerdings erst dann eine für die Praxis wichtige Aussage verbinden, wenn man die verdampfende Menge Substanz kennt. Es ist deswegen wichtig, den Zusammenhang zwischen Dampfdruck und verdampfender Stoffmenge herauszustellen.

Nimmt man an, daß in dem Dampfraum z. B. über einem Metall die Gesetze für ideale Gase gelten, dann ist hierdurch die Zahl der eine bestimmte gedachte Fläche durchfliegenden Atome bekannt, ebenso ihre mittlere Geschwindigkeit in Zusammenhang mit der Temperatur und damit auch der Druck, den sie auf diese Fläche, wäre sie materiell vorhanden, ausüben würden. Legt man ferner zugrunde, daß alle von der Metalloberfläche weggehenden Atome an anderer Stelle kondensieren und somit nicht mehr zurückkehren, dann gilt für die verdampfte Menge

$$G_d = \frac{1}{\sqrt{2\pi R}}\, p \sqrt{\frac{M_r}{T}}\,.$$

Bei einem Dampfdruck von 10^{-8} Torr, wie er in Tabelle 10 angeführt ist, verdampfen somit[47] von 1 cm² in 100000 s (das ist, wie gesagt, etwas mehr als 1 Tag) $5{,}8 \cdot 10^{-5}\,\sqrt{M_r/T}$ g.

Bei Kupfer, die dazugehörige Temperatur ist 750 °C, das Atomgewicht 63,5, sind dies 14 µg, und das ist schon eine ganz ansehnliche Menge. Nickel ($M_r = 58{,}7$) hat denselben Dampfdruck bei 900 °C. Von einem Quadratzentimeter verdampfen somit in einem Tag 13 µg.

---

[47] Mit R als molarer Gaskonstante (8,314 Jmol⁻¹ K⁻¹), p als Dampfdruck in Torr und M_r als relative Molekülmasse (Molekulargewicht) der verdampfenden Substanzen in g mol⁻¹ ergibt sich die zugeschnittene Größengleichung

$$\frac{G_d}{\mathrm{g\,cm^{-2}\,s^{-1}}} = 5{,}8 \cdot 10^{-2}\, \frac{p}{\mathrm{Torr}} \sqrt{\frac{M_r/(\mathrm{g\ mol^{-1}})}{T/\mathrm{K}}}\,.$$

Nickel ist Trägermetall bei Oxidkathoden, die ja immer während des Betriebes geheizt sind. Auch wegen dieser Verdampfung betreibt man solche Kathoden nur ungern über 800 °C. Ganz überschlägig kann man sagen, daß ein Dampfdruck von 10^{-8} Torr für einen Dauerbetrieb schon ein außerordentlich hoher Wert ist.

Aber nicht nur die Metalle selbst verdampfen. Sie enthalten z.B. noch leichter flüchtige Komponenten, die bei der Vorbehandlung nicht vollständig entfernt werden konnten. Sie enthalten teilweise auch noch Oxide, die u. U. leichter flüchtig sind. Daß jede Kathode dampft, ja dampfen muß, wenn sie zufriedenstellend arbeiten soll, wurde gleich zu Beginn dieses Abschnitts erwähnt. In der Röhre vorhandene Gase,

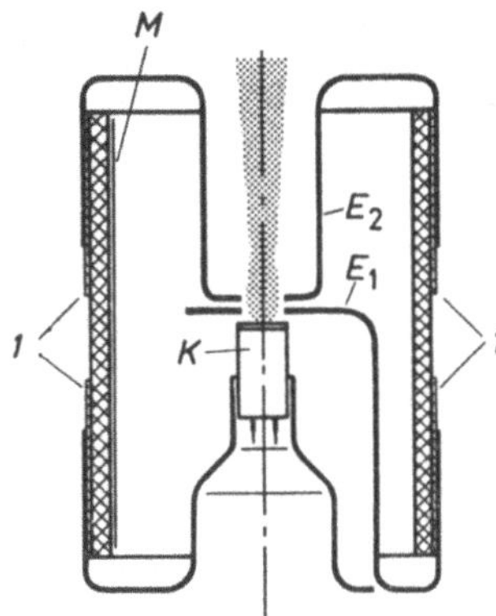

Bild 69. Vor Bedampfung geschütztes Strahlerzeugungssystem. *1* Kupferstreifen, *K*, *E*₁ und *E*₂ Kathode und Elektroden des Systems, *M* Metallüberzug.

beispielsweise Kohlenwasserstoff, werden durch die energiereichen Elektronen, die zum Betreiben von Röhren gehören „„gecrackt": der Wasserstoff wird gegettert, der Kohlenstoff kann als Niederschlag auftreten.

Es gibt also viele Quellen, die zu Niederschlägen führen können, und so ist man oft schon zufrieden, wenn nur die Auswirkungen eingedämmt werden können. Dies gilt besonders für die Stellen, wo an Isolatoren Hochspannungen über kurze Strecken angelegt werden müssen, häufig in der Nähe der Kathode. Ganz allgemein gilt bei den herrschenden Vakuumverhältnissen in den meisten Fällen, daß sich eine Störung von ihrer Quelle geradlinig ausbreitet. Eine Isolationsstrecke ist somit dann geschützt, wenn von ihr aus die Störquelle nicht „gesehen" werden kann.

An einem Beispiel soll dies näher erläutert werden. Es handelt sich um ein erdachtes, noch nicht praktischer Erprobung zugeführtes Strahlerzeugungssystem, wie es im Bild 69 skizziert ist. Auf der Außenseite eines Keramikzylinders sind unter Ausnutzung des in Abschnitt 1.3.1. beschriebenen Prinzips mit Haftvalenzen geeignete Kupferstreifen *1* voneinander getrennt aufgebracht, so viele, daß für die drei Elektroden, die Kathode K, die Elektrode E_1 und die Elektrode E_2 z.B. je 3 Streifen zur Verfügung stehen. In einer Lehre werden K und E_1, deren Halterungen sich berührungslos durchdringen und E_2 sauber zueinander und zum Keramikzylinder ausgerichtet und mit den zugeordneten Kupferstreifen verlötet. Man kann als Lot etwa Kupfer-Silber-Eutektikum nehmen, denn die Haftvalenzen gehen auch bei hoher Temperatur nicht wieder auf. Es gibt jetzt zwischen jeder Elektrode Isolationsstrecken, die von der Kathode aus nicht gesehen werden können und somit vor Bedampfung sicher sind. Es gilt dies auch dann noch, wenn man das Innere des Keramikzylinders zur Festlegung definierten Potentials mit einem Metallüberzug M versieht.

Dies ist nur eine von sicher vielen Lösungsmöglichkeiten dafür, wie man Stellen, die über lange Zeiten keineswegs bedampft werden sollen, schützen kann. Unabhängig davon wird man immer bestrebt sein, Verdampfungen an sich so weit als möglich einzuschränken und auch zunächst vorhandene Restgase möglichst schonend zu beseitigen. Doch doppelte Sicherung ist nie falsch.

2.3.3.3. Überzüge

Überzüge werden mit mancherlei Absichten angewendet. Beim Zirkon auf dem Gitter einer Senderöhre stand die erwünschte Gasaufzehrung im Vordergrund. Die Zusatzeffekte, die sich einstellten, waren jedoch ebenfalls von weitreichender Bedeutung. Die rauhe Oberfläche erhöhte stark das Gesamtstrahlungsvermögen, so daß die Gittertemperaturen nicht so hohe Werte erreichten, wie sie sich ohne diesen Überzug eingestellt hätten. Dies verminderte wiederum die Anfälligkeit gegen thermische Gitteremission, gefürchteter Effekt und oft begrenzender Faktor für die Möglichkeit, die Leistungsabgabe einer Röhre zu steigern. Wenn nämlich ein Gitter Elektronen emittiert und damit Kathodeneigenschaften annimmt, hört seine einwandfreie Steuerfähigkeit auf. Auch Sekundärelektronen — über sie soll noch Näheres angeführt werden — an einem Gitter können das zuverlässige Arbeiten einer Röhre beeinträchtigen. Die rauhen Schichten eines Zirkonüberzugs wirken auch hier dämpfend.

Wenn in einem Gefäß Restgase mit Widerstandsschichten reagieren, die dort für einwandfreien Betrieb unverändert erhalten bleiben sollten, müssen diese Schichten so geschützt werden, daß sie für die Restgase unerreichbar sind. Ein Überzug z.B. aus Quarz kann solches bewirken.

An allen Stellen, an denen durch möglichst hohe Abstrahlung die Betriebstemperatur abgesenkt werden soll, sind Überzüge von Nutzen, die einen größeren halbräumlichen Emissionsgrad als das Grundmaterial haben. Das braucht nicht nur bei leitenden Substanzen der

Fall zu sein, auch Isolatoren können auf diese Weise günstig angepaßt werden. Allerdings sind solche Überzüge meist elektrisch leitfähig und deswegen nicht von vornherein universell anwendbar.

Damit ist ein weiteres Bedürfnis für die Verwendung von Überzügen angeschnitten: Einen Isolator oberflächlich elektrisch leitend zu machen mit einer nach Wunsch großen oder kleinen Leitfähigkeit. Bekannt ist die Anwendung von Zinnoxid, das auf Glas — meist durch Aufdampfen — aufgebracht werden kann. Solche Zinnoxidschichten sind für Licht transparent, ergeben aber trotzdem verhältnismäßig niedrigere Flächenwiderstände von z.B. $R_{s\square} = 500\ \Omega$.

Die Schwierigkeiten werden umso größer, je höher der Widerstand der Schicht auf einem Isolator sein muß. Aufdampfen von Titan z.B. auf Keramik führt zu schwankenden Ergebnissen. Dünne Titanschichten sind sehr sauerstoffanfällig und ihr Widerstand ist deswegen stark abhängig von den Umgebungsbedingungen, ob im Vakuum, ob an Luft oder ob abwechselnd in beiden. Eine Möglichkeit, hier zu hohen Widerstandswerten ($R_{s\square} = 10^{13}\ \Omega$) zu kommen, deutet sich in der Verwendung von Lithiumverbindungen in wäßriger Lösung als Überzugsmaterial an [2.23]. Eine Weiterbildung des Verfahrens läßt Überzüge erhoffen, die auch gegen äußere Einflüsse stabil sind.

Gilt es somit einerseits, Bedampfungen möglichst zu vermeiden, so ist es andererseits erforderlich, auf Isolatoren Überzüge sehr hohen, aber unveränderlichen Widerstands zu schaffen. Erst mit solchen Belegungen kann der Isolatoroberfläche ein definiertes Potential und die zum Ausgleich von Ladungen notwendige elektrische Leitfähigkeit gegeben werden.

2.4. Ausgewähltes Schrifttum

Lehrbücher und Nachschlagewerke

2.1   D'Ans/Lax: Taschenbuch für Chemiker und Physiker. Band 1, 3. Aufl. 1967; Band 2, 3. Aufl. 1964; Band 3, 3. Aufl. 1970. Berlin, Heidelberg, New York: Springer.

2.2   Espe, W., Werkstoffkunde der Hochvakuumtechnik. Band I, II: 1960. Band III: 1961. Berlin: Dt. Verlag d. Wissenschaften.

2.3   Euler, J.; Ludwig, R.: Arbeitsmethoden der optischen Pyrometrie. Karlsruhe: G. Braun 1960.

2.4   Hansen, M.: Constitution of binary alloys. New York: Mc Graw Hill 1958; Elliot, R. P.: first supplement. New York: Mc Graw Hill 1965. Shunk, F. A.: second supplement. New York: Mc Graw Hill 1969.

2.5   Kohl, W. H.: Materials and techniques for electron tubes. New York: Reinhold 1960.

2.6   Kohl, W. H.: Handbook of materials and techniques for vacuum devices. New York, Amsterdam, London: Reinhold 1967.

2.7   Knoll, M.: Materials and processes of electron devices. Berlin, Göttingen, Heidelberg: Springer 1959.

2.8 Vogel, R.: Die heterogenen Gleichgewichte. Leipzig: Akad. Verlagsges. & Portig 1959.

Spezielle Veröffentlichungen

2.9 Adam, H.: Feinwerktechnik 56 (1952) 29—40.
2.10 Adam, H.; Espe, W.; Schwarz-Bergkampf, E.: Glas- u. Hochvakuum-technik (1952) S. 123—134.
2.11 Allen, R. D.; Glasier, L. F.; Jordan Jr. P. L.: J. Appl. Phys. 31 (1960) 1382.
2.12 Beggs, J. E.: IRE Trans. of Component Parts (1957) S. 28.
2.13 Danforth, W. E.: J. Franklin Inst. 250 (1950) 146.
2.14 Dawihl, W.; Dörre, E.: Dt. Pat. Nr. 1218 924.
2.15 Della Porta, P.; Giorgi, T.; Origlio, S.; Ricca, F.: Trans. 8th Vac. Symp. u. 2nd Internat. Congress, London (1962) S. 229.
2.16 Düsing, W.: Telefunken-Ztg. 26 (1953) 111.
2.17 Ecker, W.; Müller-Axt, F.: Werkstatt u. Betrieb 96 (1963) H. 3, S. 163, und Weimer, G.: ebenda 96 (1963) H. 5, S. 297 und 96 Heft 12 (1963) 893.
2.18 Fast, J. P.: Löslichkeit von Stickstoff und Sauerstoff ... studiert an Zirkon und Titan. Metallwirtschaft (1938) S. 641.
2.19 Hansen, N.: Vakuum-Technik 12 (1963) 167.
2.20 Herbrich, H.; Teske, K.: TZ für praktische Metallbearbeitung 61 (1967) 574.
2.21 Herrmann, H.; Thomas, H.: Z. Metallkunde, 48 (1957) 582—587.
2.22 Hofmann, H.: Dt. Pat. Nr. 1614552 u. 1639407.
2.23 Hofmann, H.: Dt.-OS. 2036832.
2.24 Kieffer, R.: Jangg, G.; Ettmayer, P.: Sondermetalle. Wien: Springer 1971.
2.25 Meyer, A.: Berichte d. Dt. Keram. Ges. (1965) S. 405—415 u. S. 452—454.
2.26 Müller, W., FTZ 11 (1952) 528.
2.27 Müller-Pouillets; Lehrbuch der Physik II, Optik. Zweite Hälfte, Erster Teil, Vieweg & Sohn 1929.
2.28 Nergaard, L. S.: RCA Rev. 18 (1957) 486.
2.29 Pfetscher, O.: Elektronik 6 (1955) 139—143.
2.30 Port, J. H.: Chase Brass a Copper. Vortrag a. d. Meeting American Inst. of Mining (Febr. 1964).
2.31 Pugh, J. W.; Arma, L. H.; Hurd, D. T.: Trans. Quart. Amer. Soc. for Metals, 55 (Sept. 1962).
2.32 Pulfrich, H.: Dt. Pat. Nr. 1045 305.
2.33 Reinartz, J. H.: Electronics, January (1950) 78.
2.34 Reutebuch, R.; Zincke, A.: Feinwerktechnik 62 (1958) 199—213.
2.35 Rudnick, N.; Carouna, J. J.: RCA Rev. 22 (1961) 623.
2.36 Schneiden und Schweißen (1967) S. 332.
2.37 Schuhmacher, B.: Fertigung 3 (1972) S. 79.
2.38 Walsh, E. J.: Bell Lab. Record (1950) S. 165—167.
2.39 Weber, W.: Werkstatt u. Betrieb 91 (1958) 305.
2.40 Weißfloch, A.: Feinwerktechnik 63 (1959) 2.
2.41 Wintzer, M.: US Pat. Nr. 3 584 253.
2.42 Zolotych, B. N.: Fertigung 6 (1971) 185.

3. Freie Elektronen

3.1. Sekundärelektronen

Elektronen, die mit Materie zusammentreffen, treten mit ihr in verschiedenartige Wechselwirkung. Atome in einem Gas z.B. können angeregt oder ionisiert werden. Ähnliches geschieht mit Leuchtphosphoren, denen in den Bildröhren so weite Bedeutung zukommt. Aber nicht alle Wirkungen, die Elektronen ausüben, sind willkommener Art. Gerade dann, wenn sie eigene Artgenossen erzeugen, wird dieses Vermögen als zweischneidig empfunden. Im einen Fall kann die bewußte Herbeiführung eines solchen Effektes bemerkenswerte neue Möglichkeiten erschließen, im anderen Falle sein Vorhandensein manche Hoffnung zerstören oder zumindest die Durchführung mancher Prozesse stark erschweren. Leider steht diese zweite Auswirkung für die hier zu behandelnden Themen weit im Vordergrund.

Es handelt sich um sogenannte Sekundärelektronen, die beim Auftreffen von Primärelektronen auf jegliche materielle Oberfläche, insbesondere die eines festen Körpers, erzeugt werden (Sekundärelektronenemission oder kurz Sekundäremission).

Die Oberfläche, auf die die Primärelektronen einwirken, kann die eines elektrischen Leiters sein. Ihr kann in diesem Fall ein bestimmtes Potential von außen aufgeprägt werden. Es kann sich aber auch um die Oberfläche eines Isolators oder eines isoliert angebrachten Leiters handeln, bei dem das Potential nur mehr indirekt von außen beeinflußbar ist; die auftreffenden Primärelektronen bestimmen es dann weitgehend mit. Gerade die zielbewußte Ausnutzung dieses letzteren Zusammenwirkens hat zu bedeutenden Erfolgen auf speziellen Gebieten wie dem der Bildaufnahmeröhren geführt, während sonst aufgeladene Isolatoren in jeder Beziehung lästig, doch nichtsdestoweniger in die Betrachtung neben den Leitern mit einzubeziehen sind.

3.1.1. Das Verhalten von leitenden Oberflächen

Es sei zunächst angenommen, daß Primärelektronen ganz bestimmter Energie auf eine metallische Oberfläche auftreffen und dort Sekundärelektronen erzeugen. Wenn zwischen Auftrefffläche und der Kathode, aus der die Primärelektronen kommen, z. B. 155 V angelegt und die dann erzeugten Sekundärelektronen auf ihre Energieverteilung hin untersucht werden, läßt sich diese in allgemeiner Form schematisch wie in Bild 70 wiedergeben[1]. Die Fläche, die durch die Abszisse und die Ordinatenabschnitte der eingezeichneten Verteilungskurve gegeben ist, gibt die relative Anzahl der im Energiebereich dE vorhandenen Sekundärelektronen an.

Man kann drei charakteristische Gruppen unterscheiden: Gruppe I besteht aus Elektronen, die die gleiche Energie haben wie die bombardierenden Primärelektronen selbst. Es sind Primärelektronen, die elastisch reflektiert wurden. Ihre Zahl, proportional dem Flächeninhalt zwischen der Kurve und der Abszisse im Kurvenabschnitt I, ist vergleichsweise gering. Die Gruppe II mit Energien zwischen 150 eV und 50 eV besteht aus Primärelektronen, die bei unelastischen Stößen Energie abgegeben und eine solche Ablenkung erfahren haben, daß sie wieder durch ihre ursprüngliche Eintrittsfläche austreten. Die eigentlichen Sekundärelektronen sind in Gruppe III enthalten. Daß es sich dabei überwiegend um Elektronen handelt, die nicht mehr identisch mit Primärelektronen sind, geht schon aus ihrer Zahl hervor, die oft größer ist als die Zahl der einfallenden Primärelektronen. Man bezeichnet sie auch als die wahren Sekundärelektronen. Allein diese Gruppe III soll weiteren Betrachtungen zugrundeliegen.

Eine alles umfassende Theorie für die Sekundäremission ist noch nicht verfügbar. Doch gibt es einige Grundannahmen, die sicherlich über Arbeitshypothesen hinausgehen und genügend Anhaltspunkt für grundsätzlich zu erwartendes Verhalten liefern. Sie erlauben, die vielfältigen Erscheinungen qualitativ auf einen Nenner zu bringen, und lassen damit auch eine Darstellung in knapper Form zu.

Zunächst wird angenommen, daß in dem inneren Bereich des Atoms keine Wechselwirkung mit den Primärelektronen stattfindet und nur die äußeren Schalen allein zur Entstehung der Sekundärelektronen beitragen. Um davon Elektronen zu entfernen, muß eine Mindestenergie zur Verfügung stehen. In der Tat ist unterhalb von 10 eV Primärenergie eine Sekundäremission nicht vorhanden.

Reicht die Primärenergie aus, dann wird sie auf umso mehr Stufen aufgeteilt werden können, je größer sie ist. Mit zunehmender Primärenergie ist somit ein Anstieg der Sekundäremission zu erwarten. Die Zahl der erzeugten Sekundärelektronen nimmt zu.

---

[1] Für diesen Abschnitt werden wegen des an sich sehr reichhaltigen Stoffes aus dem umfangreichen Schrifttum nur zusammenfassende Darstellungen herangezogen.

Solange diese in geringer Tiefe entstehen, haben die befreiten lang-
samen Elektronen eine gute Chance, bis zur Oberfläche zu gelangen und
dort auch hindurchzutreten. Es werden umso mehr von ihnen diese
Fläche nach außen passieren, je größer ihre Zahl ist und in umso gerin-
gerer Tiefe sie entstehen. Mit zunehmender Primärenergie steigt die
Zahl dieser in geringer Tiefe erzeugten Sekundärelektronen. Eine
weitere Zunahme von Sekundärelektronen wird also feststellbar sein.
Doch dann fällt mehr und mehr die zunehmende Entfernung des Ent-
stehungsortes von der Oberfläche ins Gewicht. Es werden jetzt zwar
viele Sekundärelektronen erzeugt, doch der Anteil von ihnen, der bis zur
Oberfläche durchdringt und sie verlassen kann, nimmt laufend ab. Bei
einer bestimmten Primärenergie ist somit ein Maximum an Sekundär-

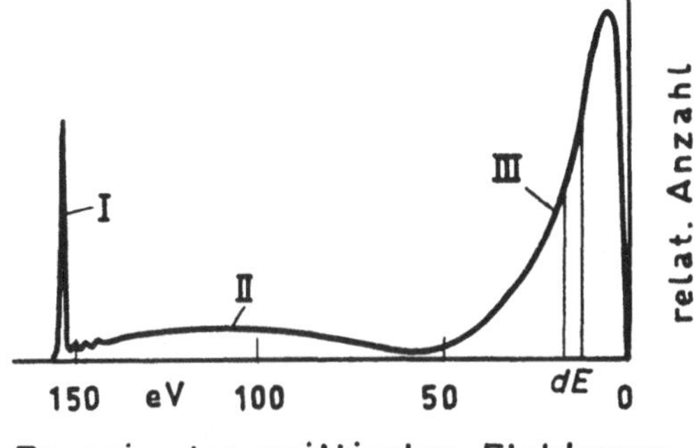

Bild 70. Energieverteilung von Elektronen, die bei Bombardement mit Primärelektronen aus einem
festen Körper austreten.

emission zu erwarten. Bei schrägen Einfall des Primärstrahls wird der
Weg zur Oberfläche für die Sekundärelektronen kleiner. Die Ausbeute
an Sekundäremission ist also winkelabhängig[2].

Da die Energie eines Sekundärelektrons groß ist im Vergleich zur
Austrittsarbeit, die beim Verlassen z.B. eines Metalls zu überwinden ist,
sollte die Austrittsarbeit nicht als solche, sondern nur indirekt über Faktoren, von denen sie selbst abhängt, in die Höhe der Sekundäremission
eingehen.

Die bis hierher aufgezählten Erwartungen entsprechen, durch die
folgenden Bilder belegt, den Tatsachen. In Bild 71 ist die Ausbeute δ,
d. i. das Verhältnis von erhaltenen Sekundärelektronen zu eingeschosse-
nen Primärelektronen, in Abhängigkeit von der Energie der Primärelektronen aufgetragen. δ steigt zunächst an, überschreitet bei einer

---

[2] Dies leuchtet vor allem dann ein, wenn es sich um die Oberfläche eines Ein-
kristalls handelt. Eine polykristalline Fläche ist auch nach einem Poliervorgang
nicht als für Elektronen vollständig eben anzusehen, doch wird die Zahl der Elektronen, die sich „totlaufen", zweifellos kleiner.

Energie E_{p_1} den Wert 1, verbleibt oberhalb dieses Wertes bis zu einer
Energie E_{p_2} und sinkt dann wieder unter 1. Das Maximum bei E_{p_m} ist
flach, die maximale Zahl δ_m der sekundären Elektronen ungefähr
1,5mal so groß wie die Zahl der primären.

Dieses Bild nun einem bestimmten Material zuzuordnen, ist für
praktische Zwecke nicht möglich. Die Ausbeutekurve hängt vielmehr
in starkem Maße von Fremdschichten auf der Oberfläche und damit
ihrer Sauberkeit ab; als weitere Einflußgröße kommt die Gasbeladung
hinzu. Die Hoffnung, über längere Zeit eine wirklich saubere Ober-

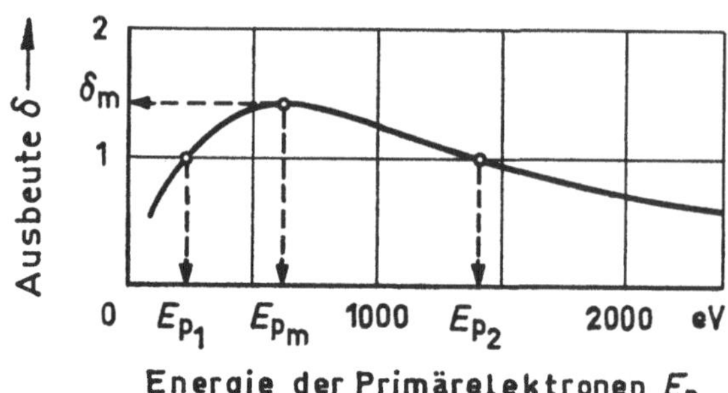

Bild 71. Ausbeute δ an Sekundärelektronen. Bei E_{p_1} übersteigt ihre Zahl die Zahl der eingeschlossenen Primärelektronen, bei E_{p_m} wird ein Maximum erreicht, und bei E_{p_2} sinkt die Ausbeute wieder
unter 1 ab.

fläche zu haben, muß man zumindest bei Gefäßen der hier zu behandelnden Art bald aufgeben. Man denke nur daran, was noch an einer
extrem ausgeglühten Oberfläche frei wird, wenn man sie darauffolgend
mit Elektronen bombardiert. Auch eine Fläche, von der aus etwa eine
Oxidkathode zu sehen ist, ist alles andere als das, wofür man sie zunächst hält. Bestimmte Reaktionen können sie ganz umwandeln oder
gar aufzehren. Somit gibt Bild 71 nur für solche Metalle Anhaltspunkte, die nach äußerster Mühe in der Vorbehandlung eine einigermaßen saubere Oberfläche erwarten lassen.

Bild 72 zeigt den Sekundäremmissionsfaktor in Abhängigkeit vom
Einfallswinkel der Primärelektronen für eine als eben angenommene
Oberfläche der aufgezeigten Materialien. Man kann daraus ein Cosinus-
Gesetz ableiten; aber im Grunde genommen kann sich das Ausmaß der
Abhängigkeit weder vom Winkel — und es sei nochmals hervorgehoben
— noch vom Material entscheidend auf die hier zu lösenden Probleme
auswirken.

Von besonderer Bedeutung im Hinblick auf die Unterdrückung von
Sekundäremission ist es, bei welcher Energie die größte Anzahl von
Elektronen vorhanden ist, wie also gewissermaßen Gruppe III aus
Bild 70 in verfeinerter Darstellung aussieht. Man kann sagen, daß
annähernd Unabhängigkeit von der Primärenergie besteht, die Maxi-

malausbeute bei Energien von 1,8 eV bis 2,3 eV liegt und bei etwa
10 eV nur noch 1/5 dieser maximalen Zahl von Sekundärelektronen vorhanden ist.

Auf einige wenige Konsequenzen ist nun einzugehen. Zunächst
kann man die schädlichen Auswirkungen der Sekundärelektronen nicht

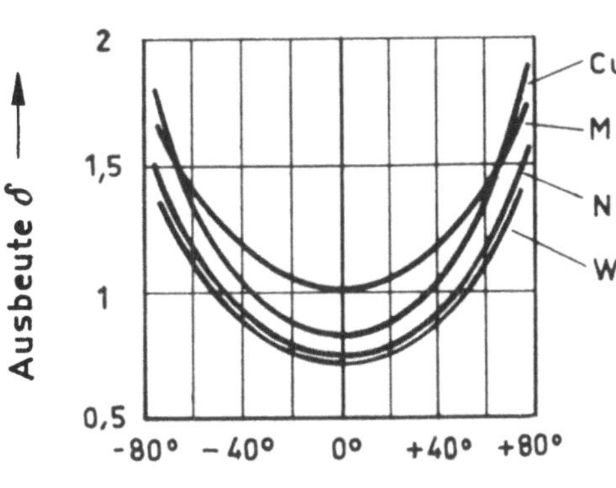

Bild 72. Abhängigkeit der Sekundäremission vom Einfallswinkel Θ für
verschiedene Materialien. Energie der
Primärelektronen 2500 eV.

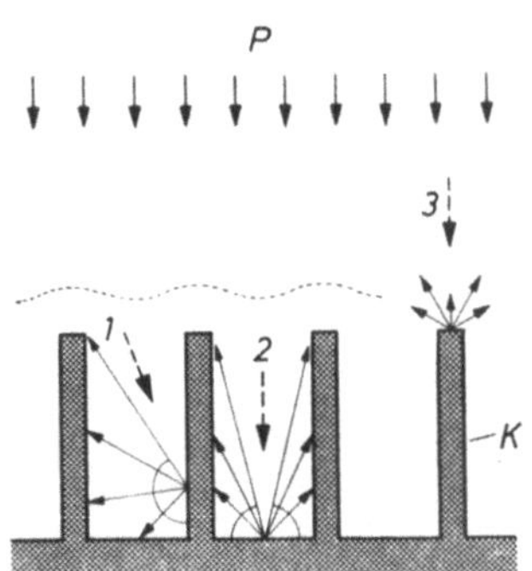

Bild 73. Unterdrückung von Sekundäremission. Die Primärelektronen 1 und
2 lösen zwar Sekundärelektronen aus,
nur wenige verlassen jedoch den Körper K. Ein Primärelektron 3 kommt
zu voller Wirkung.

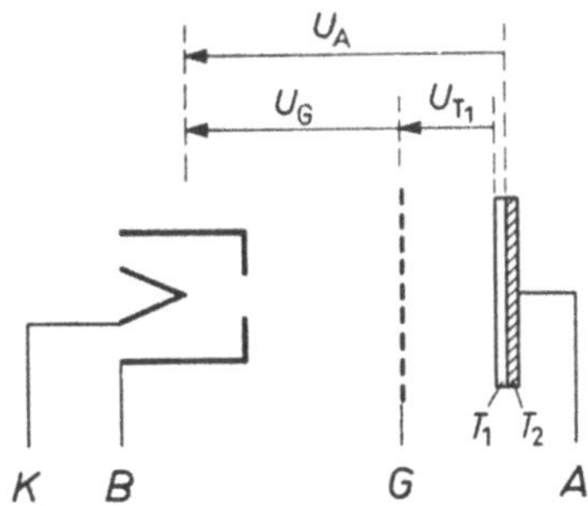

Bild 74. Einwirkung von elektrischen
Feldern auf die Sekundärelektronen.

so sehr mit der Auswahl von Materialien beeinflussen als vielmehr mit
der Gestalt, die man ihrer Oberfläche gibt. In diese geht selbstverständlich auch die Beschaffenheit des Materials an sich ein. Graphit
z.B. haben wir als einen Stoff mit Poren und zudem sehr offenem Gitter
kennengelernt. In beide dringen die Primärelektronen mit größerer
Wahrscheinlichkeit ein als in ein Material dichtester Packung. Infolgedessen finden die erzeugten Sekundärelektronen in verschiedenen Richtungen leicht Hindernisse vor, die sie am Entschlüpfen hindern. Im
Makroskopischen können solche Wirkungen noch ausgebaut werden,

wie dies in Bild 73 dargestellt ist. Tiefe Einschnitte im von Primärelektronen P getroffenen Material lassen nur einzelne Kämme K
stehen. Sie sind dünn, so daß sie nur noch einen kleinen Teil der ursprünglich wirksamen Oberfläche bilden. Sie stehen trotzdem eng
beieinander, so daß ein tieferes Eindringen von elektrischen Feldern
in die Hohlräume verhindert wird. Während die von auftreffenden
Elektronen 3 erzeugten Sekundärelektronen alle zur Auswirkung kommen, sind es bei 1 und 2 nur kleine Bruchteile; die übrigen werden in
einen toten Winkel hinein ausgelöst und weggefangen.

Das zuverlässigste Mittel jedoch, Sekundärelektronen zu unterdrücken, ist, sie gegen ein verzögerndes Feld anlaufen zu lassen und so
ihre Rückkehr zur aussendenden Oberfläche zu erzwingen. Anhand von
Bild 74 soll dies näher erläutert werden. Das betrachtete System bestehe aus der Kathode K, einer Beschleunigungselektrode B, einem
Gitter G und der Anode A, letztere wiederum aus einem Teil T_2, auf
dem ein andersartiges Teil T_1 angebracht werden kann. Um genügend
viele Elektronen von K wegzuziehen, ohne B in schädlicher Weise zu
bombardieren, legt man gern an G eine hohe positive Spannung, die
durch die Öffnung von B hindurchgreift und Elektronen herauszieht.
Das Gitter G soll von der Art sein, wie es immer angestrebt wird, robust
aber nur insoweit materiell ausgebildet, daß es von den durchfliegenden
schnellen Primärelektronen so gut wie keine aufnimmt. Es sei[3] (Bild 74)
$U_G = 1000$ V, U_A frei wählbar[4]. Wäre der Körper T_1 frei von Sekundäremission, dann würde auch bei $U_A = 500$ V noch der ganze das
Gitter G durchfliegende Strom die Anode erreichen können oder richtiger ausgedrückt, ein Meßinstrument in der Zuleitung von A würde den
richtigen der Anode zufließenden Elektronenstrom anzeigen. Doch es
gibt keinen Körper ohne Sekundäremission, im Gegenteil, unter Zugrundelegung von Bild 71 ist bei 500 eV der Faktor $\delta > 1$, so daß der
resultierende Elektronenstrom seine Richtung umkehrt und von A
mehr Elektronen weg als dorthin zufließen. Sie verlassen A mit kleiner
Energie und finden in der Nähe von G eine Feldverteilung vor, die sie
dort auftreffen läßt. Erst wenn U_A um einiges größer ist als U_G werden
die ausgelösten Sekundärelektronen nach T_1 zurückgetrieben. Da ihre
Auslöseenergie zu weniger als 50 eV angenommen werden kann,
genügen für $U_A = 1050$ V, um dieses Ziel vollständig zu erreichen.

---

[3] Die Spannungspfeile sind gemäß Definition vom höheren Potential zum
niedrigen hin gewählt, so daß in dieser Richtung ein positiv geladenes Teilchen
beschleunigt wird. Elektronen erlangen in umgekehrter Richtung zunehmende
Geschwindigkeit.

[4] U_A von z. B. 10 V sei von der Betrachtung ausgeschlossen. In solchem
Fall sind es nicht Sekundärelektronen, die stören, sondern elastisch reflektierte.
Diese gehen bei höheren Spannungen in der Zahl der wirklichen Sekundärelektronen unter.

Ein solches Problem liegt bei jeder als Tetrode ausgebildeten Elektronenröhre vor. Man kann die Anodenspannung nur bis in die Nähe der Schirmgitterspannung heruntersteuern, soll nicht der Anodenstrom abnehmen und sogar die Richtung ändern. Ähnliches gilt auch für eine Triode, nur daß dann B nicht vorhanden und an G keine feste Spannung liegt, sondern U_A und U_G einander entgegenlaufen und sich keinesfalls überschneiden dürfen. Es ist letzten Endes das Problem für jede Elektrode, an der Elektronen aufgefangen und dabei abgebremst werden sollen. Man wird immer anstreben, mit einem Gegenfeld Sekundärelektronen zurückzuhalten. Gelingt es beispielsweise durch zusätzliche Maßnahmen, auch bei hoher negativer Spannung an der Kathode die Bombardierung von B ausreichend klein zu halten, desgleichen die Stromaufnahme von G bei z. B. $U_G = 20$ V, dann können auf T_1 die Elektronen bis auf 70 V und darunter ohne schädliche Auswirkung von Sekundärelektronen abgebremst werden.

3.1.2. Das Verhalten von Isolatoren

Bei Isolatoren kommen zusätzliche Gesichtspunkte ins Spiel. Zunächst wird man sofort daran denken, daß Elektronen, die einer Isolatoroberfläche zufließen, diese aufladen und damit exakte Messungen eigentlich unmöglich machen müßten. Doch gelingen solche Messungen an Isolatoren, insbesondere auch die Messung der Sekundäremission. Es ist nur dafür zu sorgen, daß die Aufladung so klein bleibt, daß sie nicht ins Gewicht fällt.

Betrachten wir nochmals Bild 74, in dem die Anode A aus den zwei Teilen T_1 und T_2 zusammengesetzt ist. T_1 soll jetzt ein dünnes Plättchen eines Isolators, beispielsweise aus Aluminiumoxid sein. Auch bei sauberster Oberfläche in bestem Vakuum hat es immer noch eine gewisse, wenn auch sehr kleine elektrische Leitfähigkeit. Es werden somit — wenn auch erst nach längerer Zeit — alle Ladungen, die ihm irgendwann einmal zugeflossen sind, wieder zur Metallplatte T_2 abfließen und das Oberflächenpotential φ_{T_1} von T_1 damit gleich dem Potential φ_{T_2} von T_2 sein. Fließen jetzt erneut Elektronen zu, etwa solche (Bild 74), die von der Kathode K herkommen, so wird $\varphi_{T_1} \neq \varphi_{T_2}$, also eine Spannung U zwischen der Oberfläche von T_1 und T_2 aufgebaut. Es fließe der Strom in Form eines Rechteckimpulses mit einer Stromstärke von 10^{-6} A während einer Zeit von 10^{-6} s einem Quadratzentimeter der freiliegenden Oberfläche von T_1 zu. Hat das Aluminiumoxidplättchen ($\varepsilon = 9$) eine Dicke von 0,1 mm, dann wird U am Ende des Impulses etwa 0,01 V sein, also noch so klein bleiben, daß es die Messung nicht stört und auch schon bald wieder zu Null abklingt.

Mit Messungen, die im Prinzip auf ähnliche Art durchgeführt werden können, gelangt man zu folgenden Ergebnissen über die Sekundäremission von Isolatoren: Die Energieverteilungskurve entspricht im wesentlichen der von leitenden Oberflächen (Bild 70). Die Gruppe II ist jetzt nicht ausgeprägt, die Gruppe III noch schmaler. Auch die Ausbeute zeigt einen Gang wie in Bild 71, jedoch mit folgenden bemerkenswerten Unterschieden: δ_m, die maximale Ausbeute an Sekundärelektronen ist höher als bei Metallen mit sauberer Oberfläche und die Punkte E_{p_1} und E_{p_2} liegen anders; E_{p_1} bei 20 eV bis 50 eV, also sehr viel tiefer, E_{p_2} vor allem bei Materialien mit hohem δ_m bei mehreren tausend und noch mehr Elektronvolt. Den Punkten E_{p_1} und E_{p_2} kommt im übrigen beim Aufladungsverhalten von Isolatoren entscheidende Bedeutung zu, was jetzt näher betrachtet werden soll.

Wir gehen weiterhin von der grundsätzlichen Elektrodenanordnung von Bild 74 aus. Alle Ladungen auf dem Isolator T_1 seien abgeflossen, φ_{T_1} somit gleich φ_{T_2}. A und G seien auf gleichem Potential, wir können annehmen, sie seien geerdet. Durch Anlegen einer Spannung an K gegenüber Erde werden Elektronen nach G hin beschleunigt, die weiterhin auch nach T_1 gelangen können, wenn die Ladungsverhältnisse auf dessen Oberfläche einen Zufluß gestatten. Die Spannung U_G zwischen K und G wird jetzt nicht mehr nur kurzzeitig, sondern dauernd angelegt und von Null ausgehend stetig und langsam gesteigert. Es ist zu prüfen, welche Spannung U_{T_1} sich zwischen G und T_1 [5] einstellt (Bild 75).

Zunächst können die von K kommenden und durch G hindurch fliegenden Elektronen T_1 erreichen, jedoch nur so lange, bis T_1 so weit aufgeladen ist, daß sie alle umkehren müssen. Dieser Fall tritt ein, wenn die Elektronen zwischen G und T_1 die gleiche negative Spannung vorfinden, wie sie zwischen K und G positiv angelegt ist. Wenn man somit U_{T1} als Funktion von U_G aufträgt, wird die Abhängigkeit durch eine Gerade unter $-45°$ durch den Nullpunkt dargestellt. Ist z.B. $U_G = 10$ V, dann hat U_{T_1}, die Spannung zwischen G und T_1, den Wert -10 Volt: $U_G + U_{T_1} = 0$.

Dies würde immer weiter gelten, so negativ die Kathode auch gegen G wird, wenn nicht durch irgendwelche Leckströme, möglicherweise spontaner Art, Ladungen auf T_1 abfließen würden. Ein solches Ereignis ist in Bild 75 bei Punkt A angenommen. Die die Abhängigkeit von U_{T_1} und U_G angebende, bis dahin unter $-45°$ zur Abszisse verlaufende Gerade OA möge dann in irgendeine andere Kurve AB übergehen, die weniger steil verläuft, weil ja die Aufladung von T_1 zurückbleibt.

---

[5] Es ist immer die der Kathode zugewandte Oberfläche von T_1 gemeint.

Von besonderer Bedeutung ist eine Gerade parallel zu OA durch den Punkt der Abszisse, für den U_G gleich demjenigen Wert U_{p_1} ist, bei dem der Sekundäremissionsfaktor δ gerade den Wert 1 erreicht. U_{p_1} sei zu 30 V angenommen. Diese Gerade ist nämlich der geometrische Ort aller Punkte für die $- U_{T_1} = U_G - U_{p_1}$ oder $U_G + U_{T_1} = U_{p_1}$ ist. $U_G + U_{T_1}$ ist aber die Spannung, die die Elektronen beim Auftreffen auf T_1 durchlaufen haben.

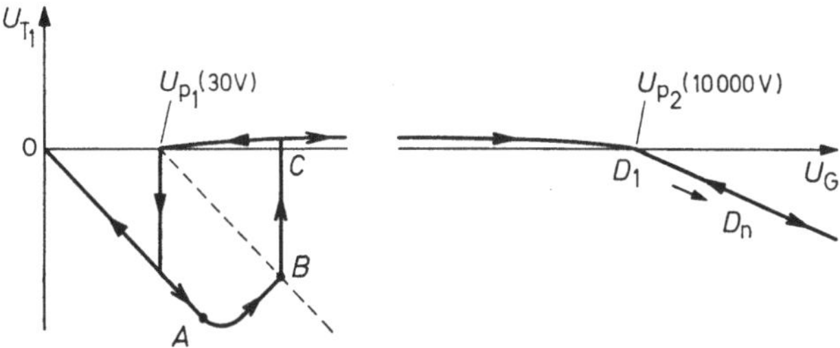

Bild 75. Aufladung eines Isolators bei Beschuß mit Elektronen.

Ist sie nur wenig größer als U_{p_1}, dann ist auch δ größer als 1. Bei negativem U_{T_1} gehen die ausgelösten Sekundärelektronen nach G über, d. h. T_1 entlädt sich in diesem Fall plötzlich, und die Spannung U_{T_1} springt auf einen Wert nahe Null.

Ein solcher Fall tritt ein, wenn die bei A abgebogene Kurve etwa im Punkt B diese Gerade erreicht. U_{T_1} ist dabei negativ, es springt etwa zum Punkt C in der Nähe der Abszisse. Wie man jetzt auch U_G weiter erhöht, U_{T_1} hat immer nur einen kleinen Wert und verläuft auch weiterhin ganz in Abszissennähe solange $\delta > 1$ bleibt (Punkt D_1).

Was aber passiert bei Überschreitung des Punktes D_1, bei dem δ auf den Wert 1 zurückgeht, wenn wir ihn bei 10000 V annehmen, also z.B. bei $U_G = 11000$ V ? Zunächst könnte man annehmen, daß sich das Oberflächenpotential auf T_1 auf -11000 V gegen G einstellt, denn da finden die Primärelektronen die volle Gegenspannung vor und können von da an nicht mehr „landen". Um aber von 0 V auf -11000V zu springen, muß auch ein Wert von -1000 V durchlaufen werden. In diesem Augenblick landen die Primärelektronen nur mehr mit $U_G + U_{T_1} = 10000$ V, und dabei wird δ wieder 1 und größer. Auf mehr als -1000 V gegen G kann sich somit T_1 nicht aufladen, allgemein auf nicht mehr als $- |U_G - U_{p_2}|$. In Wirklichkeit wird dieser Wert noch geringer sein, weil die schnellen Elektronen von z. B. 11000 eV tief in den Isolator eindringen und sich in der Tiefe angesammelte Raumladungen an der Oberfläche nicht im vollem Umfang auswirken. Von D_1 aus wird somit die Abhängigkeit wieder angenähert durch eine Gerade $D_1 \to D_n$ gegeben sein: ihr Winkel zur Abszisse ist kleiner als 45 °.

Verringert man von D_n aus U_G wieder stetig, dann wird auch, ohne daß ein Durchbruch stattgefunden hat, die Aufladung des Isolators von selbst verringert, weil immer etwas Oberflächen- sowie Volumenleitfähigkeit und auch im Gefäß vorhandene positive Ionen ausgleichend wirken. Der Kurvenzug wird in gleicher Weise rückwärts durchlaufen, jedoch jetzt bis zum Punkt U_{p_1}. Dort springt die Spannung U_{T_1} auf die eingezeichnete $-45°$-Gerade und läuft auf ihr wieder bis zum Nullpunkt.

Es ist leicht einzusehen, daß die ganzen Aufladungen auf dem Isolator stark von den Spannungen abhängen, die an den einzelnen Elektroden liegen. Ist z.B. $U_A = 8000$ V, $U_G = 5000$ V, dann kommen zwar die Primärelektronen im ersten Augenblick mit 8000 eV Energie auf der Isolatoroberfläche an und sind in der Lage, mehr Sekundärelektronen zu erzeugen, als ihrer eigenen Zahl entspricht, so daß es keine Aufladung gäbe, doch können die Sekundärelektronen die Oberfläche nur verlassen, wenn sie kein Gegenfeld vorfinden. T_1 darf dazu nicht negativ gegen G vorgespannt sein und wird sich somit auf ein solches Potential einstellen, daß U_{T_1} nur noch so viel über Null liegt, daß die Eigenenergie der Sekundärelektronen ausreicht, die Potentialdifferenz zu überwinden. Das bedeutet, daß jetzt ca. 3000 V zwischen T_1 und T_2 liegen, während es bei $U_A = U_G = 5000$ V annähernd 0 V sind.

In einem in der Praxis arbeitenden Gefäß kann G oder A einmal die eine, einmal eine andere Elektrode sein, je nachdem, welche Elektrode einer entsprechenden Isolatorstelle am nächsten ist. Die Spannungen an den einzelnen Elektroden ändern sich u. U. sehr schnell, schneller als sich ein neues Oberflächenpotential am Isolator einstellt. So ist es verständlich, daß laufend Umladungen am Isolator mit unübersehbaren Ladungsdurchbrüchen stattfinden. Wenn sehr schnelle Elektronen tief ins Innere vordringen, können die erzeugten Raumladungen bei Ihrem Durchbrechen sogar die Isolatoren durchschlagen und z.B. eine Vakuumhülle unbrauchbar machen. Der Isolatoroberfläche durch Aufbringen einer schwach leitfähigen Schicht ein definiertes Potential zu geben und damit die Auftreffgeschwindigkeit der Elektronen festzulegen, ist bei mancher Anwendung erstrebenswert.

3.2. Thermische Emission

Die Notwendigkeit, Elektronen zu befreien, um sie in ausreichender Menge im Vakuumraum beeinflußbar zur Verfügung zu haben, war schon immer eines der Hauptprobleme bei Elektronenröhren jeglicher Art. Zunächst hatte man keine anderen Mittel als die, die am Anfang auch da benutzt wurden, wo es um die Aufklärung der Natur der Elektronen selbst ging, die Gasentladung. Die ersten Röntgenröhren und die ersten Braunschen Röhren wurden noch mit einer Gasentladung als Elektronenquelle betrieben. Es ist sicher, daß der Ausbau der Röhrentechnik zu so hoher Bedeutung und zu den heutigen höchst komplizierten Produkten niemals möglich gewesen wäre, wenn man nur auf diese Erzeugungsart von freien Elektronen angewiesen gewesen wäre. Es soll deshalb abschließend darüber berichtet werden, was heute an Kathoden zur Verfügung steht und worauf es bei ihnen ankommt.

Unter Kathoden sollen hier einschränkend Vorrichtungen verstanden werden, bei denen die Befreiung der Elektronen mit Hilfe erhöhter Temperatur aufgrund von sogenannter thermischer Emission erfolgt. Bei lichtelektrischer Erzeugung z.B. wäre auch heute noch die Ausbeute für die vorliegenden Zwecke viel zu klein. Thermische Emission wird auch für viele Probleme der Zukunft eine wichtige Rolle spielen. Man denke z.B. an die Direktumwandlung von Wärme in elektrische Energie.

3.2.1. Kennzeichnende Begriffe

Die in den Metallen vorhandenen frei beweglichen Elektronen können bei Zimmertemperatur nicht durch die Oberfläche entweichen. Bei höherer Temperatur steigt jedoch die kinetische Energie eines Teils der Elektronen so weit an, daß sie aus dem Metall heraus ins Vakuum eintreten können. Um über die Zahl der von einer Kathode gelieferten Elektronen eine Aussage machen zu können, muß zumindest eine zusätzliche Elektrode vorhanden sein, welche die von der Kathode weggehenden Elektronen aufnimmt und einer Messung zugänglich macht. Wir stellen uns vor, daß einer ebenen Kathode eine ebene Anode gegenübersteht, und daß die Spannung zwischen Anode und Kathode variiert wird. Je nach Vorzeichen und Betrag dieser „Anodenspannung" unterscheidet man drei wesentliche Gebiete für den Elektronenübergang: das Anlaufstromgebiet, das Raumladungsgebiet und das Sättigungsgebiet.

Im Anlaufstromgebiet ist der Stromübergang durch die Eigenenergie der Elektronen bestimmt, die sie beim Austritt aus der Kathode mitbringen und derentwegen sie gegen eine negative Anodenspannung anlaufen können. Bei heutigen Elektronenröhren ist dieses Gebiet von untergeordneter Bedeutung, jedoch tauchen bereits hier zwei Begriffe auf, die zueinander in Beziehung stehen und für die thermische Emission an sich wie auch für neuere Anwendungen eine wichtige Rolle spielen: Austrittsarbeit und Kontaktpotential. Es wurde schon in Abschnitt 1.3.1. darauf hingewiesen, daß an der Oberfläche eines festen Körpers die Symmetrie der Kräfte, die die Ionen aufeinander ausüben,

plötzlich aufhört. Dies ist auch von Einfluß auf die Leitungselektronen.
Solange sie sich innerhalb eines Metalls befinden, sind die resultierenden
Kräfte, die auf sie ausgeübt werden, gleich Null. Sie können sich in
jeder Richtung frei bewegen. Wollen sie jedoch die Oberfläche durch-
queren, werden sie dort von den positiven Ionen der Grenzschicht,
deren Kraftwirkung nun nicht mehr durch andere Ionen des Kristalls
kompensiert ist, zurückgezogen. Sie befinden sich gewissermaßen in
einem von einem Potentialwall umgebenen Topf und können nur dann
daraus austreten, wenn sie genügend Energie mitbringen, um diesen
Wall, dem man eine Ausdehnung von wenigen 10^{-10} m zuschreibt, zu
überwinden.

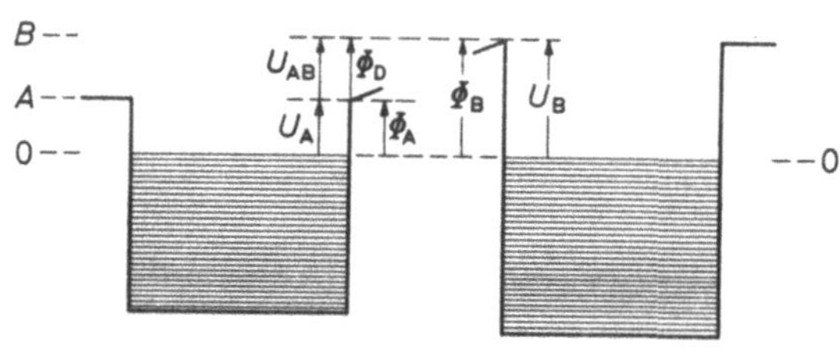

Bild 76. Kontaktspannung zwischen zwei Körpern, A und B.

In Bild 76 ist für die Elektronen hinter der Grenzfläche eines Metalls A ein solcher Potentialtopf dargestellt. Die einzelnen Energie-
stufen der Elektronen sind angedeutet. Von der höchsten Stufe aus
fehlt noch eine Energie Φ_A, die sogenannte Austrittsarbeit, um den
Rand des Topfes zu überklettern. Je kleiner die Austrittsarbeit ist,
umso leichter, d. h. bei umso niedrigerer Temperatur wird dieses gelingen. Die Anstrengungen gehen deswegen dahin, für Kathoden geeignete Stoffe mit kleiner Austrittsarbeit auszusuchen bzw. künstliche
Oberflächen herzustellen, die eine kleine Austrittsarbeit ergeben.

Es ist jetzt zu betrachten, was mit den aus der Kathode in das Vakuum ausgetretenen Elektronen geschieht. Als Anzeige wird die der
Kathode gegenüber stehende Anode benutzt. Sie sei aus einem Stoff B,
an dessen Oberfläche eine Austrittsarbeit Φ_B zu überwinden ist. Zunächst wird keine äußere Spannung zwischen A und B angelegt.

Austrittsarbeit und Energieverhältnisse für B sind in Bild 76 ebenfalls veranschaulicht. Können aus A und B Elektronen austreten, und
dies ist bei angehobener Temperatur der Fall, dann werden aus A
wegen der kleineren Austrittsarbeit mehr austreten als aus B und ein
Gleichgewicht wird erst hergestellt sein, wenn von der obersten Energie-
stufe aus Elektronen aus A und aus B die gleichen Spannungsschranken
zu überklettern haben, d. h. B wird sich gegenüber A negativ aufladen
und die Elektronen aus A müssen auch noch diese zusätzliche Spannung überwinden, um in B hineinzugelangen.

Über die Höhe der Spannung, die sich zwischen A und B einstellt, gibt folgende Überlegung Aufschluß: Auszugehen ist vom obersten Energieniveau sowohl in A als auch in B, denn von diesem Niveau aus findet der Austritt ins Vakuum am wahrscheinlichsten statt. Diese beiden Niveaus sind somit zunächst auf gleiche Höhe einzustellen. Um in B hineinzugelangen, muß ein Elektron aus A zunächst die Arbeit Φ_A und dazu noch die Differenzarbeit Φ_D leisten können. Es ist $\Phi_A + \Phi_D = \Phi_B$. Spaltet man die Arbeiten in ihre Faktoren, Ladung und Austrittsspannung, gegen die sie anlaufen muß, auf, dann erhält man
$$U_A + U_{AB} = U_B, \quad U_{AB} = U_B - U_A \,.$$

Ein Körper B mit einer Austrittsspannung von 3,5 V lädt sich somit gegen einen Körper A mit einer Austrittsspannung von 2 V auf $U_{AB} = 1,5$ V oder $U_{BA} = -1,5$ V, also negativ auf. Um diesen Betrag ist eine außen angelegte Spannung zu korrigieren, wenn man über die Fähigkeit der Elektronen gegen eine Spannung anzulaufen, Aufschluß erhalten will.

Wird nun eine positive Spannung U zwischen Anode und Kathode angelegt und stetig gesteigert, dann geht das Anlaufstromgebiet in das Raumladungsgebiet über. In ihm stammen alle Elektronen aus einer Raumladung, zu der sich die ausgetretenen Elektronen vor der Kathode so lange ansammeln, wie das von der angelegten Spannung herrührende elektrische Feld nicht ausreicht, sie vollständig abzuziehen. Es ist das bevorzugte Arbeitsgebiet für Elektronenröhren. Bei dichtegesteuerten Röhren wird die Stromentnahme aus der Raumladung durch die Größe des Feldes gesteuert, der Zusammenhang zwischen Strom und Spannung ist durch eine Funktion $I = k \, U^{3/2}$ gegeben. Bei Laufzeitröhren erfolgt die Stromentnahme von der Kathode möglichst bei konstantem U. Die Raumladung muß so gut ausgeprägt sein, daß z. B. Temperaturschwankungen und damit verknüpfte Emissionsschwankungen von der Kathode her nicht eingehen.

Diese Unabhängigkeit ist nur gewährleistet, wenn die Kathode zu ausreichender Emission fähig ist. Schon bevor sie einen Erschöpfungszustand erreicht, macht sich in der Entnahmemöglichkeit von Elektronen ein Zurückbleiben gegenüber den erwarteten Werten bemerkbar. Auch für die Stromentnahme im Raumladungsgebiet spielt es somit eine Rolle, wie weit man von der Sättigungsemission entfernt ist. Die Sättigungsemission selbst ist dann erreicht, wenn alle austretenden Elektronen auch abgezogen werden, der Strom steigt dann nur noch ganz schwach in Abhängigkeit vom angelegten Feld an. Dieses noch schwache Ansteigen muß bei genauen Auswertungen berücksichtigt werden.

Die Sättigungsemission I_s steht nun in Beziehung zur Austrittsarbeit. Der Zusammenhang ist durch die Richardson-Gleichung hergestellt.

Neben der Austrittsarbeit ist auch die Temperatur eine darin maßgebliche Größe. Es gilt

$$I_s = FAT^2\, e^{-\Phi/kT}\,. \tag{1}$$

Darin bedeuten: F emittierende Oberfläche der Kathode, A die sogenannte Mengenkonstante, T die absolute Temperatur der Kathode, k die Boltzmann-Konstante. Φ ist die Austrittsarbeit, die ein Elektron leisten muß, um die Potentialschwelle an der Kathodenoberfläche zu überwinden. So ist z. B. die Austrittsarbeit bei einer Oxidkathode 1,7 eV, d. h. das Elektron muß eine Arbeit von $2{,}7 \cdot 10^{-19}$ J aufbringen können, um die Oxidkathode zu verlassen.

Meist gibt man nicht den Gesamtstrom I_s an, sondern die Stromdichte J, die eine Kathode liefern kann. Ferner ist, da sich der Austritt immer auf Elektronen bezieht, die Potentialschwelle, also die Austrittsspannung, die die Kathode hat, das dafür interessante Kennzeichen. Wir können aus $\Phi = e\,\varphi$ die Elementarladung e abspalten und e und k zusammenfassen[6]. Damit erhalten wir

$$J = AT^2 e^{-11600\,\varphi/T}\,. \tag{2}$$

Durch die beiden unbekannten Größen A und φ ist die Sättigungsstromdichte J gegeben und damit eine Kathode charakterisiert.

Man findet für A und φ auch für gleichartige Kathoden die unterschiedlichsten Werte, beispielsweise für eine Oxidkathode $\varphi_1 = 1{,}00$ V und $A_1 = 0{,}01$ A cm^{-2} K^{-2} oder auch $\varphi_1 = 1{,}5$ V und $A_1 = 5$ A cm^{-2} K^{-2}. Diese abweichenden Wertepaare erklären sich daraus, daß aus Messungen in dem relativ engen Temperaturbereich, in dem gut meßbare Ströme überhaupt vorliegen, φ und A mit Hilfe von (2) extrapoliert wurden. Kathoden können aber nur dann miteinander verglichen werden, wenn die Festlegungen zu ihrer Charakterisierung eindeutig sind. Dies ist bei dem Extrapolationsverfahren nicht der Fall, worauf jetzt näher einzugehen ist.

Zunächst folgt aus (2), daß für $T \to \infty$ der Quotient $J/T^2 \to A$ oder $\log (J/T^2) \to \log A$ geht. Ferner folgt aus (2) der Zusammenhang

$$\log \frac{J}{T^2} = \log A - 5\varphi \cdot \frac{10^3}{T}\,. \tag{3}$$

---

[6] Die Austrittsspannung in der Richardson-Gleichung wird — etwas verwirrend — meist durch das Formelzeichen φ gekennzeichnet. φ ist dann als Potentialdifferenz, etwa gegen Null aufzufassen. Mit $e = 1{,}60 \cdot 10^{-19}$ C, $k = 1{,}38 \cdot 10^{-23}$ JK^{-1}, φ in V, T in K ergibt sich (2), wobei der Exponent mit CV/JK^{-1} K dimensionslos ist. Diese Bedingung, daß im Argument einer transzendenten Funktion nur eine reine Zahl steht, muß immer erfüllt sein. In der vollständigen Schreibweise als zugeschnittene Größengleichung lautet die Richardson-Gleichung $J/\mathrm{A\ cm^{-2}} = A/\mathrm{A\ cm^{-2}\ K^{-2}}\ T^2/\mathrm{K^2}\ e^{-11600\,(\varphi/\mathrm{V})/(T/\mathrm{K})}$. Die einzusetzenden Einheiten sind daraus sofort zu entnehmen.

Wenn in (3) der Wert von φ unabhängig von der Temperatur wäre, würde $\log (J/T^2) = f(10^3/T)$ eine Gerade darstellen, aus deren Steigung -5φ sich φ entnehmen ließe. Ihr Schnittpunkt mit der Ordinatenachse, also für $10^3/T = 0$ oder $T = \infty$, ergibt, wie schon aus (2) hervorging, den Wert für $\log A$ und damit auch den Wert für A. Um A zu erhalten, wird somit auf $T = \infty$ extrapoliert, wobei der enge Meßbereich die Beantwortung der Frage, ob φ auch wirklich konstant ist, nicht zuläßt. Man weiß heute, daß dies nicht einmal bei Reinmetallkathoden in vollem Umfang zutrifft. Verschiedene Kristallflächen haben verschiedene Austrittsspannung, was auch eine Abhängigkeit der Gesamtaustrittsspannung von der Temperatur ergibt. Doch sind die Abweichungen von der Linearität hierbei immerhin so klein, daß der Wert für A dem theoretischen Wert $120\ \mathrm{A\ cm^{-2}\ K^{-2}}$ einigermaßen nahe kommt.

Bei fremdschichtbedeckten Kathoden wie Oxidkathoden oder den noch zu behandelnden Vorratskathoden geht aus der Wirkungsweise hervor, daß φ keinen konstanten Wert haben kann. Bei solchen Kathoden wird die Austrittsspannung dadurch beeinflußt, daß das Grundlagematerial mit atomaren Schichten eines Stoffes bedeckt wird, der die insgesamt sich einstellende Austrittsspannung zu niedrigeren Werten absenkt. Wie weit sie abgesenkt wird, hängt vom Bedeckungsgrad und dieser wiederum von der Temperatur ab. Somit kann die Austrittsspannung nicht unabhängig von der Temperatur sein und wird erst nach einiger Wartezeit, nämlich dann, wenn nach einer gewissen Brenndauer sich der Bedeckungsgrad auf die Temperatur im Gleichgewicht eingestellt hat, ihren wirklichen Wert erreichen.

Die Austrittsspannung ist somit nicht nur abhängig von der Temperatur, sondern auch von der Wartezeit, die zwischen zwei Messungen eingelegt wird; Ergebnisse aus einer Extrapolation nach (3) sind zufälliger Natur. Heute bestimmt man deswegen die Austrittsspannung nicht mehr mit Hilfe dieses Verfahrens, sondern setzt für A den theoretischen konstanten Wert $A = 120\ \mathrm{A\ cm^{-2}\ K^{-2}}$ und bestimmt durch Messung von J in $\mathrm{A\ cm^{-2}}$ die Austrittsspannung; sie hat bei jeder Meßtemperatur T einen anderen Wert[7] (Bild 82) Er ergibt sich aus

$$J = 120\ T^2 \mathrm{e}^{-11600\,\varphi/T},\qquad(4)$$

---

[7] In erster Näherung kann aus den mit (3) erhaltenen Werten A_1 und φ_1 und dem konstant angesetzten A zunächst mit Hilfe von $A_1 = A\,\mathrm{e}^{-11600\,\mathrm{d}\varphi/\mathrm{d}T}$ die dabei vorhanden gewesene Temperaturabhängigkeit $\mathrm{d}\varphi/\mathrm{d}T$ abgeschätzt werden. Daraus ergibt sich $\varphi = \varphi_1 + (\mathrm{d}\varphi/\mathrm{d}T)T$ für eine Temperatur T und $A = 120\ \mathrm{A\ cm^{-2}K^{-2}}$ und damit der Anschluß der Meßwerte nach beiden Verfahren. Für die beiden erwähnten Oxidkathoden wird bei $T = 1000\ \mathrm{K}$ der gleiche Wert $\varphi \approx 1{,}8\ \mathrm{V}$ erhalten.

(4) ist in Bild 77 mit einigen φ-Werten als Parameter dargestellt. Dabei sind die Streubereiche für φ von wichtigen Kathodenarten herausgegriffen. In Bild 77a sind die Oxidkathoden und die optimal mit Barium bedeckten Kathoden enthalten, in Bild 77b thorierte Wolframkathoden und Boridkathoden, aber auch sehr schlecht mit Cäsium bedeckte Wolframkathoden, wie sie beim thermionischen Konverter auf der Kathodenseite angestrebt werden. Bild 77c zeigt Wolfram als Bei-

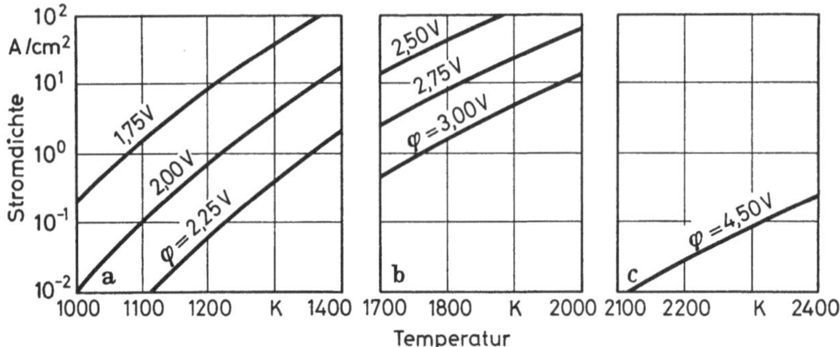

Bild 77. Stromdichte bei verschiedener Austrittsspannung und $A = 120$ A cm⁻² K⁻² in Abhängigkeit von der Temperatur. Oxidkathode: $\varphi \approx 1{,}75$ V; Vorratskathode mit Barium: $\varphi \approx 2{,}0$ V; Thor–Wolfram-Kathode und Boridkathoden: $\varphi \approx 2{,}65$ V; Wolfram: $\varphi \approx 4{,}5$ V.

spiel für eine reine Metallkathode. Auf solche verschiedene Arten von Kathoden soll nachfolgend eingegangen werden.

3.2.2. Kathodenarten

Naturgemäß kamen die Reinmetallkathoden zuerst zur Anwendung. Wegen der hohen Austrittsarbeit, die Elektronen leisten müssen, um sie zu verlassen, ist nach der Richardson-Gleichung hohe Temperatur aufzuwenden, wenn Emission brauchbarer Größe erreicht werden soll. Begrenzend ist dabei der immer höher werdende Dampfdruck des Kathodenmaterials, der nicht nur zu Niederschlägen an anderen Stellen eines Gefäßes führt, sondern auch die Lebensdauer der Kathode selbst begrenzt. Solche Reinmetallkathoden wurden aus Tantal schon als halb indirekt geheizte große Rohrkathoden ausgebildet. Die weiteste Verwendung finden sie jedoch in Form von direkt geheiztem Draht, vor allem Wolframdraht, manchmal mit Rhenium legiert. Wenn ein Gefäß auch bei schlechterem Vakuum zuverlässig betrieben werden soll, bedeutet die Verwendbarkeit solcher Kathoden große Erleichterung. Ihre Arbeitstemperatur ist so hoch, daß sich Reaktionsprodukte nicht auf der Oberfläche halten und die Emission somit nicht stören können.

Daß ihre spezifische Emission klein ist (Bild 77c), ist nicht immer von Nachteil. Es bietet sich damit die Möglichkeit, die Sättigungsemission auszunutzen und ihre gewünschte Höhe über eine Regelung der Heizspannung einzustellen. So nimmt man auch heute noch die Regulierung der Strahlendosis bei Röntgenröhren vor.

Für die Kathoden von Elektronenstrahl-Schweißmaschinen und Elektronenmikroskopen werden zu „Haarnadeln" gebogene Drähte verwendet, bei denen nur aus der Spitze Strom entnommen wird. Der Wunsch nach höherer spezifischer Emission wird hierbei von Zeit zu Zeit laut, wobei jedoch immer auf den Gashaushalt in solchen Gefäßen Rücksicht zu nehmen ist und deshalb die relativ unempfindlichen Boridkathoden in die Betrachtung mit einbezogen werden. Bei diesen Kathoden ist das Wolfram z. B. mit Verbindungen aus Lanthan und Bor bedeckt. Sie arbeiten bei Temperaturen um 1600 °C[8].

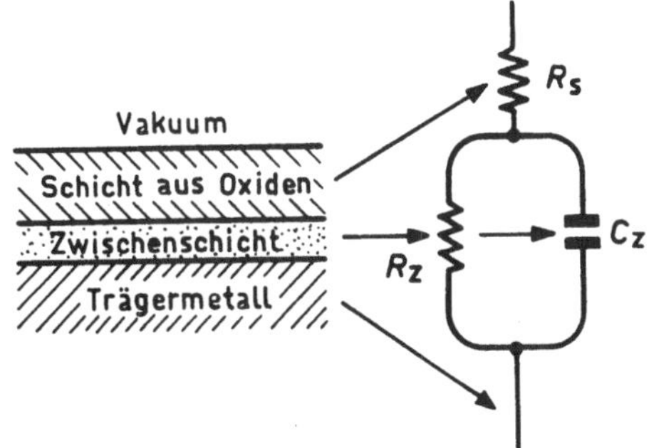

Bild 78. Ersatzschaltbild einer Oxidkathode.

Damit sind bereits die „bepasteten" Kathoden erwähnt, deren Hauptvertreter, die Oxidkathode, am bekanntesten ist und die größte Anwendungsstückzahl von allen Kathoden überhaupt gefunden hat. Um zu erläutern, warum auch mit diesen Kathoden noch nicht alle Wünsche befriedigt werden können, ist näher auf ihre Wirkungsweise einzugehen.

Bei der Oxidkathode wird ein Trägermetall, für das in den Anfängen Platin genommen wurde und das heute meist aus Nickel besteht, mit Oxiden von Barium, Strontium und u. U. Kalzium bedeckt. Die gewählte Schichtdicke schwankt je nach den Ansprüchen und beträgt etwa 50 µm. Diese Oxide sind anfällig gegen Bestandteile der Luft wie CO_2 oder Wasser; sie werden deswegen als Karbonate aufgebracht und erst im Vakuum auf der Pumpe durch Anwendung höherer Temperatur in die Oxide zersetzt. Dabei bilden sich unter Mitwirkung von im Nickel noch zusätzlich vorhandenen Bestandteilen freie Barium-

---

[8] Wo man in Elektronenmikroskopen ein extrem gutes Vakuum herstellen und aufrechterhalten kann, kommt neben thermischer Emission auch Feldemission aus feinen Metallspitzen zunehmend zur Anwendung.

zentren, die für die Austrittsarbeit und die Leitfähigkeit der Schicht bestimmend sind.

Eine Oxidkathode ist somit ein recht komplexes Gebilde, dessen Eigenschaften man sich am besten mit Hilfe eines Ersatzschaltbildes vor Augen führt. In Bild 78 ist der äußere Bezirk einer Kathode gezeichnet. Er besteht aus der Grenzschicht des Trägermetalls, meist Nickel, einer Zwischenschicht, die sich nach einiger Zeit an der heißen Kathode bilden kann, und der an das Vakuum grenzenden Oxidbedeckung. Die Zwischenschicht zeigt die Eigenschaft der Parallelschaltung eines ohmschen Widerstandes R_z mit einer Kapazität C_z. Die eigentliche Bedeckungsschicht stellt einen rein ohmschen Widerstand R_s dar.

Beginnen wir mit letzterem. An einem Widerstand R_s, der eine Zeit t von einem Strom I durchflossen wird, wird eine Wärmemenge $I^2 R_s t$ erzeugt. Diese Wärmemenge ist begrenzender Faktor bei einem Teil der Anwendung. Wird sie zu groß, heizt sich die Oxidschicht so weit auf, daß sie nicht mehr stabil bleibt. Die Kathode wird zerstört. Die kleine Austrittsarbeit einer Oxidkathode und die damit verknüpfte sehr hohe Emissionsfähigkeit kann also nur dann zufriedenstellend ausgenutzt werden, wenn das Produkt $I^2 R_s t$ kleingehalten wird, also wenn entweder im „Dauerstrichbetrieb" der Strom eine bestimmte Größe nicht überschreitet, oder wenn sehr hohe Ströme nur während sehr kurzer Zeit als Impulse entnommen werden. Solche Impulsströme können 20 A cm^{-2} und mehr betragen, Dauerstrichströme von 200 mA cm^{-2} gelten schon als guter Wert.

Die freien Bariumzentren, die vorhanden sein müssen, werden durch Reduktion von Bariumoxid durch im Nickel vorhandene Bestandteile erzeugt. Ein solcher im Nickel geschätzter Aktivator ist z. B. Magnesium. Es ist jedoch nachteilig, daß es einen ziemlich hohen Dampfdruck hat und somit leicht störende Niederschläge veranlaßt. Man bevorzugt deswegen eine Zugabe von Wolfram oder Zirkon. Ohne jegliche Zugabe, also bei extrem reinem Nickel, spricht man von passivem Material, wie denn auch das Emissionsverhalten einer damit gefertigten Kathode höchst passiv ist.

Ursprünglich schätzte man auch Silizium als Aktivator. Die Reaktionsprodukte zwischen ihm und der Oxidschicht führen jedoch an der Grenze von Metall zu Oxid zu einer schlecht leitenden Zwischenschicht, die sich schon nach wenigen Betriebsstunden auszubilden beginnt und das gerade umso schneller, je weniger Strom aus der Kathode entnommen wird. Bei Gleichstrombetrieb ist diese Zwischenschicht schon bald der Anlaß für unzulässiges Absinken der Emissionsfähigkeit, bei Entnahme von Wechselstrom wird durch die parallel geschaltete Kapazität C_z das Verhalten frequenzabhängig.

Auch die Gleichmäßigkeit der Aktivierung der Oxidschicht kann für das Verhalten der Kathode eine Rolle spielen. Ist die Aktivierung von Stelle zu Stelle unterschiedlich, dann werden sich bei hoher angelegter Feldstärke vor der Kathode die schlecht aktivierten und deswegen noch hohen Widerstnad aufweisenden Stellen unzulässig aufheizen und gleichsam explodieren. Man spricht von spratzenden Kathoden. In Vakuum- und gasgefüllten Gefäßen sollte aus dem gleichen Grund Anodenspannung erst bei voll aufgeheizter Kathode eingeschaltet werden.

Die Aufzählung dieser Eigenschaften und des darin begründeten Verhaltens möge die Wünsche klar machen, die an eine Kathode noch höherer Beanspruchbarkeit zu stellen sind. Vor allem darf sie keine Bedeckung haben, die einen Widerstand darstellt, so daß dauernde Entnahme höchster Ströme möglich ist. Ein Schritt in dieser Richtung bedeutet schon die Erhöhung der Leitfähigkeit der Oxidschicht durch Überziehen der einzelnen Körner mit einer dünnen Nickelschicht. Solche Kathoden sind als CPC-Kathoden bekannt. Auch Zwischenschichten und ungleichmäßige Emission, die zu Spratzen führt, kann man weitgehend eindämmen. Trotzdem werden nicht solche Werte erreicht, wie sie heute mehr und mehr benötigt werden.

Kathoden, die solche Ansprüche befriedigen, sind die Vorratskathoden und die früheste dieser Art, die thorierte Wolframkathode, obwohl diese nicht eigentlich als Vorratskathode bezeichnet wird.

In Abschnitt 1.2.1. war bereits erwähnt worden, daß zur Verhinderung von schädlichem Kristallwachstum dem Wolfram u. U. zwischen 1% und 2% ThO_2 zugegeben werden. Dieses Oxid setzt sich zwischen den Korngrenzen fest, der Wolframdraht hat somit an diesen Stellen einen gewissen Vorrat von ThO_2. Das Überraschende war nun, daß dieses ThO_2 auf die thermische Emission bei Wolfram entscheidenden Einfluß hat und sie um Zehnerpotenzen steigern kann. Um allerdings diese hohe Emission über lange Zeit konstant zu erhalten, und aufgrund der Vorstellungen, die man für das Zustandekommen dieses Effektes im Lauf der Zeit entwickelt hat, sind entsprechende Maßnahmen anzuwenden.

Zunächst hatte man festgestellt, daß Stoffe wie Barium, Cäsium und Thorium sich auf der Wolframoberfläche bewegen können, und daß es eine ganz bestimmte Bedeckung gibt, bei der sie am meisten erniedrigend auf den Potentialwall an der äußersten Ionenschicht des Kristalls wirken. Sie erniedrigen die Austrittsspannung.

Bei einem eine Unterlage benetzenden Wassertropfen fließen einzelne Wasserlagen untereinander weg und breiten sich zu einer gleichmäßig dünnen Schicht aus. Bei der hier vorliegenden Bedeckung der Wolframoberfläche bildet sich jedoch nicht erst ein Überschuß aus, der dann zerfließt, sondern einzelne Thoriumatome wandern auf den Kristallflächen entlang von unten heraus der Oberfläche zu, wo sie während ihres Weiterwanderns eine atomare Deckschicht bilden. Einige dampfen ab, andere wandern wieder zu, alle sind sie in stetiger Bewegung. Zwischen Zustrom und Abdampfung besteht ein dynamisches Gleichgewicht, das, wenn es einen ganz bestimmten Bedeckungsgrad erreicht, zu höchster Emission führt. Dieser Grad der Bedeckung hängt von einigen äußeren Bedingungen ab, zunächst natürlich von der Temperatur, denn sowohl die Wanderungsgeschwindigkeit der Thoriumatome auf den Kristallflächen des Wolframs als auch ihre Abdampfung davon werden temperaturabhängig sein. Und auch der Prozeß, der als Grundvorgang ganz am Anfang steht, nämlich die Freisetzung von Thoriumatomen aus dem Thoriumoxid ist — wie jede chemische Reaktion — eine Funktion der Temperatur. Um optimal arbeitende Kathoden zu schaffen, sind diese Prozesse aufeinander abzustimmen, und dies gelingt nur dann, wenn nicht einer davon, um richtig wirksam zu sein, ganz andere Temperatur verlangt, als sie sonst erforderlich wäre.

Dieser Fall lag zunächst vor. Um genügend Thoriumatome freizubekommen, mußte man auf ca. 2000 °C erhitzen. Diese Temperatur war jedoch für das Arbeiten der Kathode viel zu hoch, die Abdampfung viel zu groß. Man half sich zunächst so, daß man die Erhitzung nur kurzzeitig vornahm und den dabei geschaffenen Vorrat bei tieferer Arbeitstemperatur (1600 °C bis 1700 °C) langsam aufbrauchte. Doch es ist klar, daß die Notwendigkeit, ein solches Vorgehen öfter zu wiederholen, zuverlässig arbeitende Gefäße nicht zuließ. Es mußte gelingen, auch bei tieferer Temperatur genügend freies Thorium zu erzeugen.

Bei der Oxidkathode sind es reduzierende Bestandteile im Nickel, die uns zu „aktiven" Kathoden verhelfen. Bei der Thor-Wolfram-Kathode führte ein ähnlicher Weg zum Ziel: Der ThO_2 enthaltende Wolframdraht wird bis zu gewisser Tiefe „karburiert", d. h. es wird durch Brennen des Drahtes in einer Kohlenwasserstoffatmosphäre seine äußere Schicht in Wolframkarbid umgewandelt. Sie bringt tatsächlich die gewünschte Verbesserung der erhöhten Reduktion von ThO_2 im richtigen Maß.

Bild 79 vermittelt einen Eindruck, wie der Querschnitt eines so karburierten Drahtes im Kristallgefüge beschaffen ist. Außen ist die erwähnte Karbidschicht zu erkennen. Sie darf nur bis zu einer gewissen Dicke erzeugt werden, anderenfalls wird der Draht brüchig.

Diese Tatsache ist nun begrenzender Faktor für die Lebensdauer der Kathode. Während des Betriebes wird die Schicht abgebaut, und wenn der Abbau weit genug fortgeschritten ist, wirken sich wieder mehr und mehr die Verarmungserscheinungen an freiem Thorium aus. Das bis dahin hohe und konstante Elektronenemissionsvermögen wird schlecht.

Wir ziehen daraus die Lehre, daß es sicher dann am besten gelingen wird, eine gewünschte sehr hohe Lebensdauer zu erreichen, wenn die sich abspielenden Prozesse möglichst wenig Veränderungen hervorrufen und die Bemessung einzelner Größen frei wählbar ist. Die Zugabemöglichkeit von ThO_2 z. B. in das Kristallgefüge von Wolfram ist begrenzt, die Dicke der karburierten Schicht ebenso. Als Beispiel einer Vorratskathode bei der weitgehende Freiheit besteht, möge die unter

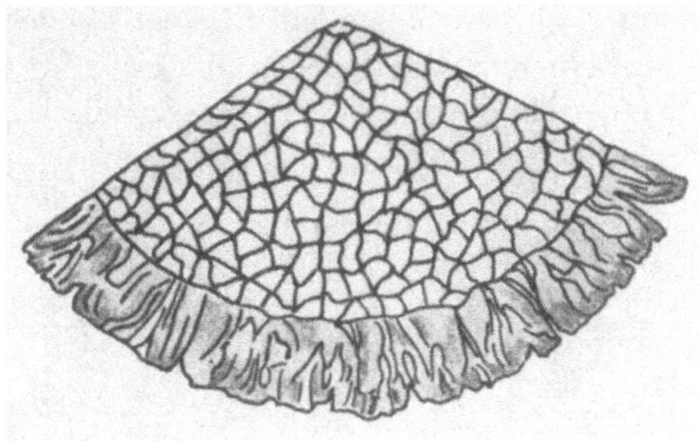

Bild 79. Karburierter Wolframdraht.

den Namen L-Kathode und Metall-Kapillarkathode (MK-Kathode) bekannt gewordene Art dienen. Sie arbeitet nicht mit Thorium, sondern mit Barium.

Der letztere Namen läßt vielleicht am besten den Zusammenhang mit der Wirkungsweise herstellen. Während offenbar Thorium zwischen den Grenzen von einzelnen Kristallen hindurchwandern kann und ein eventuelles Aufreißen des Gitters beim Karburiervorgang dies höchstens noch erleichtert, ist das weit größere Bariumatom (Tabelle 3) dazu nicht in der Lage. Will man somit Ähnliches erreichen wie bei der Thor-Wolfram-Kathode, daß nämlich Bariumatome aus der Tiefe des Wolframs seiner Oberfläche zuwandern, so muß man entsprechende „Wanderwege" zur Verfügung stellen. Solche Wanderwege sind die Kapillaren, die beim Sintern von Wolframpulver zurückbleiben. Sie haben je nach Pulversorte Durchmesser von wenigen Mikrometern und münden auf der Oberfläche so nahe beieinander, daß die Bariumatome von da aus die ganze Oberfläche überwandern können. Die Austrittsspannung, die dann bei optimaler Bedeckung von Barium auf Wolfram erreicht wird (etwa 2,0 V), ist nicht ganz so niedrig wie die bei der Oxidkathode, doch hat die Oberfläche metallischen Charakter, weil eine nur atomar dicke Bariumschicht keinen wahrnehmbaren Schichtwiderstand hat.

An dieser Stelle soll jetzt am Beispiel Barium–Wolfram kurz auf die Wanderung von Atomen auf einer Unterlage eingegangen werden. In Bild 80 sind die ungefähren Verhältnisse dargestellt, wie man sich ein Bariumatom z. B. auf einen Quersattel der (112)-Ebene vorstellt. Die viel kleineren Wolframatome in ihrer Anordnung in langen Reihen lassen viele andere Lagen für dieses Bariumatom zu. Auf dem Quersattel erfährt es zweifellos die am wenigsten starke Bindung zur Unterlage, in einer Mulde zwischen vier Wolframatomen dagegen die stärkste, weil hier vier sehr benachbarte Atome ihre Adhäsionsenergie entfalten. Man hat z. B. berechnet, daß in einer Mulde diese Energie 2,23 eV beträgt, auf einem Sattel dagegen nur 1,58 eV. Will somit ein Bariumatom von einer Mulde zur anderen den Sattel übersteigen, dann

Bild 80. Ein Bariumatom auf der (112-)Ebene eines Wolframkristalls.

muß es $(2,23 - 1,58)$ eV $= 0,65$ eV zugeführt bekommen. Diese Energiezufuhr erfolgt über die Wärmestöße vom Wolframgitter her. Sind diese nicht vorhanden, dann kann das Bariumatom nicht wandern; sind sie zu stark, dann reichen sie auch zur vollständigen Entfernung des Bariumatoms von der Wolframoberfläche, also zum Abdampfen aus. Eine gut eingestellte Wanderung setzt somit einen passenden Temperaturbereich voraus. Die Arbeitstemperatur solcher Kathoden mit Barium auf Wolfram liegt zwischen 1000 °C und 1150 °C.

Je höher die Temperatur, umso schneller wird neues Barium auf die Oberfläche gelangen. Die Kathoden werden dabei weniger anfällig gegen störende Einflüsse, auf der anderen Seite nimmt jedoch die Abdampfung zu und kann sich bald schädlich auswirken. Man strebt deswegen eine niedrige Arbeitstemperatur an und versucht durch anderes Substratmaterial, eine noch bessere Austrittsspannung zu erreichen.

Ein Überzug von Osmium z. B. auf Wolfram wirkt sich, was diese Erniedrigung anbetrifft, günstig aus, jedoch nicht in bezug auf Anfälligkeit.

Die Anbringung des Vorrats und der Aufbau einer solchen Kathode soll nun an einem Beispiel gezeigt werden. In Bild 81 ist eine MK-Kathode größerer Abmessung dargestellt. Körper *1* ist ein Drehteil aus Molybdän. In ihn wird der Heizer *3* eingebracht, der Hohlraum mit einer Aluminiumoxidmasse ausgefüllt und *1* mit *3* bei hoher Temperatur versintert. Auf diese Weise erhält man gute Wärmeleitfähigkeit zwischen *1* und *3* und kann damit die Heizertemperatur niedrig halten. Jetzt wird die mit genauer, in diesem Fall konkaver Oberfläche gepreßte und gesinterte poröse Wolframscheibe eingeschweißt, der Vorratsbehälter *4* eingebracht und die Schraube *5* fest angezogen, so daß

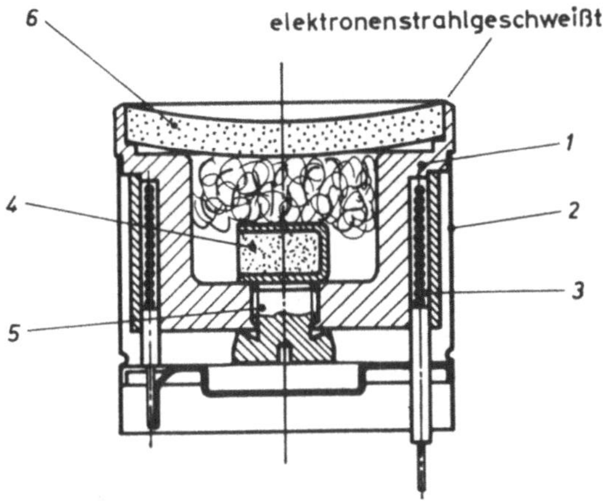

Bild 81. Aufbau einer MK-Kathode. *1* Drehteil aus Molybdän, *2* Tragefolie aus Tantal, *3* eingekitteter Heizer, *4* Vorrat, *5* Dichtungsschraube, *6* poröse Wolframscheibe, aus deren Oberfläche die Elektronen austreten.

sie später vakuumdicht abschließt. Im Betrieb verdampft nun aus dem Vorrat *4* z. B. Bariumoxid, das nirgends anders entweichen kann als durch den — gekräuselt angedeuteten — Wolframdraht und durch die poröse Wolframscheibe. Schon am Draht wird es weitgehend reduziert und erreicht die Scheibe als freies Barium, das durch die Kapillaren hindurch zur Oberfläche wandert und dort die Austrittsspannung entsprechend absenkt.

Einer solchen Kathode kann ohne weiteres ein Sättigungsstrom von $10\ \mathrm{A\ cm^{-2}}$ entnommen werden. Sie erwärmt sich dabei nicht, sondern wird im Gegenteil durch den Entzug von Energie abgekühlt. Das Produkt von entnommenem Strom mal der Austrittsspannung gibt unge-

fähr diese Kühlleistung an; sie muß durch erhöhte Zufuhr von Heizleistung entsprechend kompensiert werden.

An einer solchen Kathode wird das Zusammenspiel zwischen der
Art des Vorrats, der Brenntemperatur und der Einbrennzeit bis zur
Herstellung eines Gleichgewichtes und damit die vielfältigen Parameter, die die Austrittsspannung bestimmen, deutlich sichtbar. Bild 82
zeigt, wie sich die Austrittsspannung bei $A = 120\ \mathrm{A\ cm^{-2}K^{-2}}$ mit der
Temperatur ändert, wenn zwischen jedem Meßpunkt viele Stunden für
die Einstellung des neuen Gleichgewichts zur Verfügung stehen. Bei
schneller Aufeinanderfolge von Messungen bei unterschiedlichen Temperaturen kann ein völlig andersartiger und auch von der Richtung der
Temperaturänderung abhängiger Verlauf zustandekommen.

Damit ist im Prinzip die Wirkungsweise einer solchen Vorratskathode erläutert. Sie ist nicht auf diese Konstruktion beschränkt.

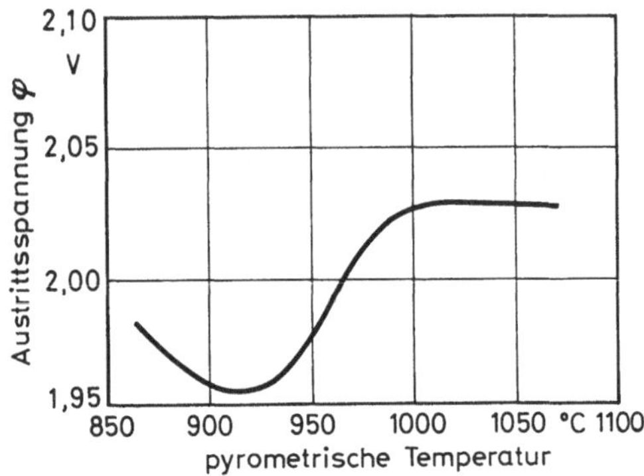

Bild 82. Austrittsspannung einer MK-Kathode in Abhängigkeit von der Temperatur nach mehr-
stündiger Einbrennzeit bei jeder Meßtemperatur.

Bei der sogenannten imprägnierten Vorratskathode ist der Vorrat im
Porenvolumen der Wolframscheibe selbst untergebracht. Man kann
sich auch vorstellen, daß solche Kathoden einmal mit anderen Stoffen
als Barium, z. B. mit Thorium aufgebaut werden. Dazu würde der
Vorrat *4* aus einer Thoriumverbindung mit geeigneten reduzierenden
Zusätzen bestehen. Vor allem dann, wenn die Heizleistung nicht mehr
durch einen isolierten Heizer *3* aufzubringen wäre, sind solche Kathoden mit sehr großer Lebensdauer denkbar. Sie unterliegen nicht mehr
den Einschränkungen, wie sie bei der Thor-Wolfram-Kathode erwähnt
wurden. Daß sie eine höhere Austrittsspannung haben als solche mit
Barium, kann sogar erwünscht sein, ganz abgesehen davon, daß sich
Nebeneffekte wie z. B. die gefürchtete Gitteremission leichter beherr-
schen lassen.

3.3. Ausgewähltes Schrifttum

3.1   Beck, A. H. W.: High-Current-density thermionic emitters. Proc. of the Inst. of Electrical Engineers 106 (Juli 1959) Teil B, S. 372.

3.2   Becker, J. A., Thermionic Electron Emission and Adsorption. Part I. Thermionic Emission. Rev. of Modern Phys. 7 (1935) 95.

3.3   de Boer, I. H.: Electron emission and adsorption phenomena. Cambridge: University Press 1935.

3.4   Kazan, B.; Knoll, M.: Electronic image storage. New York, London: Academic Press 1968.

3.5   Kollath, R.: Sekundärelektronenemission fester Körper. Handbuch der Physik, hrsgg. v. S. Flügge.   Band 21, S. 202. Berlin, Göttingen, Heidelberg: Springer 1956, und Phys. Z. 38 (1937).

3.6   Nottingham, W. B.: Thermionic emission. Handbuch der Physik, hrsgg. v. S. Flügge. Band 21, S. 1—175. Berlin, Göttingen, Heidelberg: Springer 1956.

3.7   Spring, K. H.: Direct generation of electricity. New York, London: Academic Press 1965.

Sachverzeichnis